目　　录

中级物理知识

高级物理知识

青少年

应该知道的物理知识

YING GAI ZHI DAO DE

WU LI ZHI SHI

李江伟　周秀珍　编著

将某个导体放在这个传播着电磁波的空间中，导体处于变化的磁场中就会产生感应电流，感应电流的能量来自电磁波，感应电流的频率和变化规律都与电磁波的频率及变化规律相同。也就是说，有一根处于空间的导线---天线，就可以接收电磁波。在黑板上画出天线电路。

但是，空间并不是只存在一种电磁波，各种电台、电视台都在发射电磁波，还有电报、无线电话、步话机等等也都在发射电磁波，我们周围的空间充满形形色色的电磁波，如果不加选择地一股脑儿都接收下来，转变成声音，就会是一片嘈杂声，什么都听不清或者是只听到一个离我们最近、发射功率最大的电台的声音，别的什么也别想听就好象一个教室里几十个同学一起来按自己的意愿各自说起话来，除了一片嘈杂声，什么也听不清。

(2) 电谐振和调谐电路

怎样解决这个矛盾呢？一方面，各个无线电台都必须采用各不相同的频率来发射自己电台的电磁波，就象各个厂家生产的各种商品都要有自己特有的商标、铭牌一样，使人们有可能将它们区别开来。另一方面，接收机必须有"选台"的功能，有鉴别各种"商标"的能力。

所谓选台，就是要使其它各种频率的电磁波在自己的接收机里激起的感应电流都很小、小到不起作用的程度，只有所需要的电磁波激起的感应电流很强，这样就可以只听见一个电台的声音了。

重现机械共振的实验。一根绳上拴了几个不同摆长的单摆，当某个作为策动力的单摆摆动起来之后，其它各摆做受迫振动，振幅都很小，只有与策动力的摆长相同的单摆振幅最大，这是已经学过的共振。

振荡电路也有固有频率，电现象中有没有共振？如果有，应当是：当电磁波的频率与接收机的固有频率相同时在接收机里引起的振荡电流就最强；否则，振荡电流就极弱。要做这个实验需要两个振荡电路：一个振荡电路发射一定频率的电磁波，另一个振荡电路接收电磁波，改变接收电路的固有频率，观察接收到的感应电流的强弱是否与接收电路的固有频率有关。

观察莱顿瓶的实验。实验前，首先应向学生说清莱顿瓶的结构，指出瓶内外两层金属箔片组成一个电容器，它与相当于线圈的矩形金属框框正好组成一个振荡电路。其状说明改变固有频率的方法是调节矩形金属框的面积。最后指出哪个是发射，哪个是接收。

莱顿瓶带电可采取感应圈供电的办法。观察谐振，可以按书上的观察氖管是否发光的方法；也可以用另一种方法：用一条锡箔把接收振荡的莱顿瓶的里层金属通过金属圆头沿瓶外表面向下连到接近外层金属箔片边缘的地方，让里外两层箔板之间只有一个小缝隙，从而观察谐振时在缝隙处的放电现象。通过实验，总结出电谐振的定义。

收音机为了与某一电台的电磁波发生谐振，就必须加上 LC 振荡电路。在黑板上的天线电路上加上 LC 电路。一个收音机需要听者干个不同的电台，要求它的固有频率能改变，把黑板上图的 LC 回路的电容改成可变电容，这就组成了调谐电路。

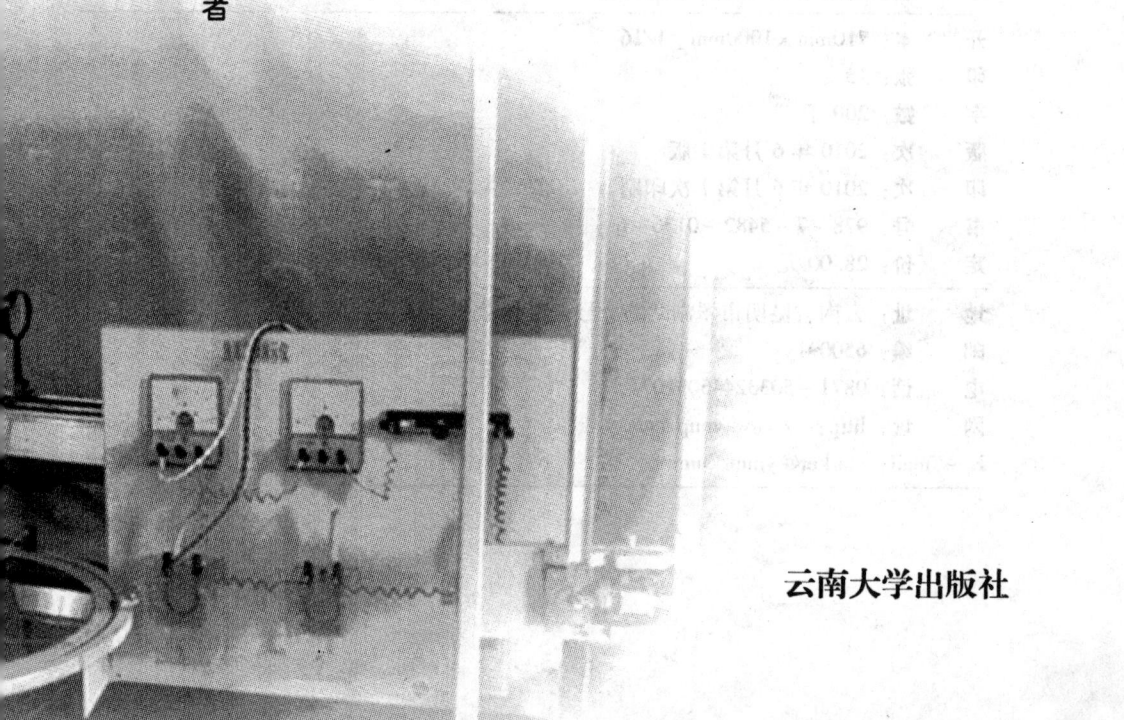

云南大学出版社

图书在版编目（CIP）数据

青少年应该知道的物理知识／李江伟编著．——昆明：云南大学出版社，2010
ISBN 978 - 7 - 5482 - 0136 - 6

Ⅰ.①青… Ⅱ.①李… Ⅲ.①物理学－青少年读物 Ⅳ.①O4 - 49

中国版本图书馆 CIP 数据核字（2010）第 105362 号

青少年应该知道的物理知识
李江伟 编著

责任编辑：	于 学
封面设计：	五洲恒源设计
出版发行：	云南大学出版社
印 装：	北京市业和印务有限公司

开 本：	710mm×1000mm 1/16
印 张：	15
字 数：	200 千
版 次：	2010 年 6 月第 1 版
印 次：	2010 年 6 月第 1 次印刷
书 号：	978 - 7 - 5482 - 0136 - 6
定 价：	28.00 元

地 址：	云南省昆明市翠湖北路 2 号云南大学英华园
邮 编：	650091
电 话：	0871 - 50332445031071
网 址：	http://www.ynup.com
E - mail：	market@ynup.com

序　言

  物理学是一门基础学科，在现代社会中，由物理学孕育出的新技术 已渗透到生活的各个角落。进入 20 世纪以来，物理学与其他学科的交叉表现得日益明显和复杂，以至人们往往忽视了其中的科学根源——物理学原理。物理学是其他学科的基础，因而物理学中的新发现常常会推进相关 学科的发展；反之，其他学科中的进步亦会激励物理学家作更深入的研究。

中级物理知识

声现象

1. 声音的发生：由物体的振动而产生。振动停止，发声也停止。

2. 声音的传播：声音靠介质传播。真空不能传声。通常我们听到的声音是靠空气传来的。

3. 声速：在空气中传播速度是：340 米/秒。声音在固体传播比液体快，而在液体传播又比空气体快。

4. 利用回声可测距离：$S = \frac{1}{2}vt$

5. 乐音的三个特征：音调、响度、音色。①音调：是指声音的高低，它与发声体的频率有关系。②响度：是指声音的大小，跟发声体的振幅、声源与听者的距离有关系。

6. 减弱噪声的途径：①在声源处减弱；②在传播过程中减弱；③在人耳处减弱。

7. 可听声：频率在 20Hz～20000Hz 之间的声波；超声波：频率高于 20000Hz 的声波；次声波：频率低于 20Hz 的声波。

8. 超声波特点：方向性好、穿透能力强、声能较集中。具体应用有：声呐、B 超、超声波速度测定器、超声波清洗器、超声波焊接器等。

9. 次声波的特点：可以传播很远，很容易绕过障碍物，而且无孔不入。一定强度的次声波对人体会造成危害，甚至毁坏机械建筑等。它主要产生于自然界中的火山爆发、海啸地震等，另外人类制造的火箭发射、飞机飞行、火车汽车的奔驰、核爆炸等也能产生次声。

物态变化

1. 温度：是指物体的冷热程度。测量的工具是温度计，温度计是根据液体的热胀冷缩的原理制成的。

2. 摄氏温度（℃）：单位是摄氏度。1 摄氏度的规定：把冰水混合物温度规定为 0 度，把一标准大气压下沸水的温度规定为 100 度，在 0 度和 100 度之间分成 100 等分，每一等分为 1℃。

3. 常见的温度计有（1）实验室用温度计；（2）体温计；（3）寒暑表。

体温计：测量范围是35℃至42℃，每一小格是0.1℃。

4. 温度计使用：（1）使用前应观察它的量程和最小刻度值；（2）使用时温度计玻璃泡要全部浸入被测液体中，不要碰到容器底或容器壁；（3）待温度计示数稳定后再读数；（4）读数时玻璃泡要继续留在被测液体中，视线与温度计中液柱的上表面相平。

5. 固体、液体、气体是物质存在的三种状态。

6. 熔化：物质从固态变成液态的过程叫熔化。要吸热。

7. 凝固：物质从液态变成固态的过程叫凝固。要放热。

8. 熔点和凝固点：晶体熔化时保持不变的温度叫熔点；晶体凝固时保持不变的温度叫凝固点。晶体的熔点和凝固点相同。

9. 晶体和非晶体的重要区别：晶体都有一定的熔化温度（即熔点），而非晶体没有熔点。

10. 熔化和凝固曲线图：

11. （晶体熔化和凝固曲线图）（非晶体熔化曲线图）

12. 上图中AD是晶体熔化曲线图，晶体在AB段处于固态，在BC段是熔化过程，吸热，但温度不变，处于固液共存状态，CD段处于液态；而DG是晶体凝固曲线图，DE段于液态，EF段落是凝固过程，放热，温度不变，处于固液共存状态，FG处于固态。

13. 汽化：物质从液态变为气态的过程叫汽化，汽化的方式有蒸发和沸腾。都要吸热。

14. 蒸发：是在任何温度下，且只在液体表面发生的，缓慢的汽化现象。

15. 沸腾：是在一定温度（沸点）下，在液体内部和表面同时发生的剧烈的汽化现象。液体沸腾时要吸热，但温度保持不变，这个温度叫沸点。

16. 影响液体蒸发快慢的因素：（1）液体温度；（2）液体表面积；（3）液面上方空气流动快慢。

17. 液化：物质从气态变成液态的过程叫液化，液化要放热。使气体液化的方法有：降低温度和压缩体积。（液化现象如："白气"、雾、等）

18. 升华和凝华：物质从固态直接变成气态叫升华，要吸热；而物质从气态直接变成固态叫凝华，要放热。

19. 水循环：自然界中的水不停地运动、变化着，构成了一个巨大的水循环系统。水的循环伴随着能量的转移。

光现象

1. 光源：自身能够发光的物体叫光源。

2. 太阳光是由红、橙、黄、绿、蓝、靛、紫组成的。

3. 光的三原色是：红、绿、蓝；颜料的三原色是：红、黄、蓝。

4. 不可见光包括有：红外线和紫外线。特点：红外线能使被照射的物体发热，具有热效应（如太阳的热就是以红外线传送到地球上的）；紫外线最显著的性质是能使荧光物质发光，另外还可以灭菌。

光的折射

1. 光的折射：光从一种介质斜射入另一种介质时，传播方向一般发生变化的现象。

2. 光的折射规律：光从空气斜射入水或其他介质，折射光线与入射光线、法线在同一平面上；折射光线和入射光线分居法线两侧，折射角小于入射角；入射角增大时，折射角也随着增大；当光线垂直射向介质表面时，传播方向不改变。（折射光路也是可逆的）

3. 凸透镜：中间厚边缘薄的透镜，它对光线有会聚作用，所以也叫会聚透镜。

4. 凸透镜成像：

（1）物体在二倍焦距以外（$u > 2f$），成倒立、缩小的实像（像距：$f < v < 2f$），如照相机；

（2）物体在焦距和二倍焦距之间（$f < u < 2f$），成倒立、放大的实像（像距：$v > 2f$）。如幻灯机；

（3）物体在焦距之内（$u < f$），成正立、放大的虚像。

5. 作光路图注意事项：

①要借助工具作图；②是实际光线画实线，不是实际光线画虚线；③光线要带箭头，光线与光线之间要连接好，不要断开；④作光的反射或折射光路图时，应先在入射点作出法线（虚线），然后根据反射角与入射角或折射角与入射角的关系作出光线；⑤光发生折射时，处于空气中的那个角较大；⑥平行主光轴的光线经凹透镜发散后的光线的反向延长线一定相交在虚焦点上；⑦平面镜成像时，反射光线的反向延长线一定经过镜后的像；⑧画透镜时，一定要在透镜内画上斜线作阴影表示实心。

6. 人的眼睛像一架神奇的照相机，晶状体相当于照相机的镜头（凸透镜），视网膜相当于照相机内的胶片。

7. 近视眼看不清远处的景物，需要配戴凹透镜；远视眼看不清近处的景物，需要配戴凸透镜。

8. 望远镜能使远处的物体在近处成像，其中伽利略望远镜目镜是凹透镜，物镜是凸透镜；开普勒望远镜目镜物镜都是凸透镜（物镜焦距长，目镜焦距短）。

9. 显微镜的目镜物镜也都是凸透镜（物镜焦距短，目镜焦距长）。

物体的运动

1. 长度的测量是最基本的测量，最常用的工具是刻度尺。

2. 长度的主单位是米，用符号：m 表示，我们走两步的距离约是 1 米，课桌的高度约 0.75 米。

3. 长度的单位还有千米、分米、厘米、毫米、微米，它们关系是：

1 千米 = 1000 米 = 10^3 米；1 分米 = 0.1 米 = 10^{-1} 米

1 厘米 = 0.01 米 = 10^{-2} 米；1 毫米 = 0.001 米 = 10^{-3} 米

1 米 = 10^6 微米；1 微米 = 10^{-6} 米

4. 刻度尺的正确使用：

（1）使用前要注意观察它的零刻线、量程和最小刻度值；（2）用刻度尺测量时，尺要沿着所测长度，不利用磨损的零刻线；（3）读数时视线要与尺面垂直，在精确测量时，要估读到最小刻度值的下一位；（4）测量结果由数字和单位组成。

5. 误差：测量值与真实值之间的差异，叫误差。

误差是不可避免的，它只能尽量减少，而不能消除，常用减少误差的方法是：多次测量求平均值。

6. 特殊测量方法：

（1）累积法：把尺寸很小的物体累积起来，聚成可以用刻度尺来测量的数量后，再测量出它的总长度，然后除以这些小物体的个数，就可以得出小物体的长度。如测量细铜丝的直径，测量一张纸的厚度。

（2）平移法：方法如图：①测硬币直径；②测乒乓球直径；

（3）替代法：有些物体长度不方便用刻度尺直接测量的，就可用其他物体代替测量。如①怎样用短刻度尺测量教学楼的高度，请说出两种方法？②怎样测量学校到你家的距离？③怎样测地图上一曲线的长度？（请把这三题答案写出来）

（4）估测法：用目视方式估计物体大约长度的方法。

7. 机械运动：物体位置的变化叫机械运动。

8. 参照物：在研究物体运动还是静止时被选作标准的物体（或者说被假定不动的物体）叫参照物。

9. 运动和静止的相对性：同一个物体是运动还是静止，取决于所选的参照物。

10. 匀速直线运动：快慢不变、经过的路线是直线的运动。这是最简单的机械运动。

11. 速度：用来表示物体运动快慢的物理量。

12. 速体在单位时间内通过的路程。公式：$s = vt$

青少年应该知道的物理知识

速度的单位是：米/秒；千米/小时。1 米/秒 = 3.6 千米/小时

13. 变速运动：物体运动速度是变化的运动。

14. 平均速度：在变速运动中，用总路程除以所用的时间可得物体在这段路程中的快慢程度，这就是平均速度。用公式：；日常所说的速度多数情况下是指平均速度。

15. 根据可求路程：和时间：

16. 人类发明的计时工具有：日晷→沙漏→摆钟→石英钟→原子钟。

物质的物理属性

1. 质量（m）：物体中含有物质的多少叫质量。

2. 质量国际单位是：千克。其他有：吨，克，毫克，1 吨 = 10^3 千克 = 10^6 克 = 10^9 毫克（进率是千进）

3. 物体的质量不随形状，状态，位置和温度而改变。

4. 质量测量工具：实验室常用天平测质量。常用的天平有托盘天平和物理天平。

5. 天平的正确使用：（1）把天平放在水平台上，把游码放在标尺左端的零刻线处；（2）调节平衡螺母，使指针指在分度盘的中线处，这时天平平衡；（3）把物体放在左盘里，用镊子向右盘加减砝码并调节游码在标尺上的位置，直到横梁恢复平衡；（4）这时物体的质量等于右盘中砝码总质量加上游码所对的刻度值。

6. 使用天平应注意：（1）不能超过最大称量；（2）加减砝码要用镊子，且动作要轻；（3）不要把潮湿的物体和化学药品直接放在托盘上。

7. 密度：某种物质单位体积的质量叫做这种物质的密度。用 ρ 表示密度，m 表示质量，V 表示体积，密度单位是千克/米^3，（还有：克/厘米^3），1 克/厘米^3 = 1000 千克/米^3；质量 m 的单位是：千克；体积 V 的单位是米^3。

8. 密度是物质的一种特性，不同种类的物质密度一般不同。

9. 水的密度 ρ = 1.0×10^3 千克/米^3

10. 密度知识的应用：（1）鉴别物质：用天平测出质量 m 和用量筒测出体积 V 就可据公式：求出物质密度。再查密度表。（2）求质量：$m = \rho V$。（3）求体积：

11. 物质的物理属性包括：状态、硬度、密度、比热、透光性、导热性、导电性、磁性、弹性等。

从粒子到宇宙

1. 分子动理论的内容是：（1）物质由分子组成的，分子间有空隙；（2）一切物体

的分子都永不停息地做无规则运动；（3）分子间存在相互作用的引力和斥力。

2. 扩散：不同物质相互接触，彼此进入对方现象。

3. 固体、液体压缩时分子间表现为斥力大于引力。

固体很难拉长是分子间表现为引力大于斥力。

4. 分子是原子组成的，原子是由原子核和核外电子

组成的，原子核是由质子和中子组成的。

5. 汤姆逊发现电子（1897年）；卢瑟福发现质子（1919年）；查德威克发现中子（1932年）；盖尔曼提出夸克设想（1961年）。

6. 加速器是探索微小粒子的有力武器。

7. 银河系是由群星和弥漫物质集会而成的一个庞大天体系统，太阳只是其中一颗普通恒星。

8. 宇宙是一个有层次的天体结构系统，大多数科学家都认定：宇宙诞生于距今150亿年的一次大爆炸，这种爆炸是整体的，涉及宇宙全部物质及时间、空间，爆炸导致宇宙空间处处膨胀，温度则相应下降。

9. （一个天文单位）是指地球到太阳的距离。

10. （光年）是指光在真空中行进一年所经过的距离。

力

1. 什么是力：力是物体对物体的作用。

2. 物体间力的作用是相互的。（一个物体对别的物体施力时，也同时受到后者对它的力）。

3. 力的作用效果：力可以改变物体的运动状态，还可以改变物体的形状。（物体形状或体积的改变，叫做形变。）

4. 力的单位是：牛顿（简称：牛），符合是N。1牛顿大约是你拿起两个鸡蛋所用的力。

5. 实验室测力的工具是：弹簧测力计。

6. 弹簧测力计的原理：在弹性限度内，弹簧的伸长与受到的拉力成正比。

7. 弹簧测力计的用法：①要检查指针是否指在零刻度，如果不是，则要调零；②认清最小刻度和测量范围；③轻拉秤钩几次，看每次松手后，指针是否回到零刻度，④测量时弹簧测力计内弹簧的轴线与所测力的方向一致；⑤观察读数时，视线必须与刻度盘垂直。⑥测量力时不能超过弹簧测力计的量程。

8. 力的三要素是：力的大小、方向、作用点，叫做力的三要素，它们都能影响力的作用效果。

9. 力的示意图就是用一根带箭头的线段来表示力。具体的画法是：

（1）用线段的起点表示力的作用点；

（2）延力的方向画一条带箭头的线段，箭头的方向表示力的方向；

（3）若在同一个图中有几个力，则力越大，线段应越长。有时也可以在力的示意图标出力的大小，

10. 重力：地面附近物体由于地球吸引而受到的力叫重力。重力的方向总是竖直向下的。

11. 重力的计算公式：$G = mg$，（式中 g 是重力与质量的比值：$g = 9.8$ 牛顿/千克，在粗略计算时也可取 $g = 10$ 牛顿/千克）；重力跟质量成正比。

12. 重垂线是根据重力的方向总是竖直向下的原理制成。

13. 重心：重力在物体上的作用点叫重心。

14. 摩擦力：两个互相接触的物体，当它们要发生或已经发生相对运动时，就会在接触面是产生一种阻碍相对运动的力，这种力就叫摩擦力。

15. 滑动摩擦力的大小跟接触面的粗糙程度和压力大小有关系。压力越大、接触面越粗糙，滑动摩擦力越大。

16. 增大有益摩擦的方法：增大压力和使接触面粗糙些。

减小有害摩擦的方法：（1）使接触面光滑和减小压力；（2）用滚动代替滑动；（3）加润滑油；（4）利用气垫。（5）让物体之间脱离接触（如磁悬浮列车）。

压强

1. 压力：垂直作用在物体表面上的力叫压力。

2. 压强：物体单位面积上受到的压力叫压强。

3. 压强公式：$P = F/S$，式中 P 单位是：帕斯卡，简称：帕，1 帕 = 1 牛/米²，压力 F 单位是：牛；受力面积 S 单位是：米²

4. 增大压强方法：（1）S 不变，$F\uparrow$；（2）F 不变，$S\downarrow$（3）同时把 $F\uparrow$，$S\downarrow$。而减小压强方法则相反。

5. 液体压强产生的原因：是由于液体受到重力。

6. 液体压强特点：（1）液体对容器底和壁都有压强，（2）液体内部向各个方向都有压强；（3）液体的压强随深度增加而增大，在同一深度，液体向各个方向的压强相等；（4）不同液体的压强还跟密度有关系。

7. 液体压强计算公式：，（ρ 是液体密度，单位是千克/米³；$g = 9.8$ 牛/千克；h 是深度，指液体自由液面到液体内部某点的竖直距离，单位是米。）

8. 根据液体压强公式：可得，液体的压强与液体的密度和深度有关，而与液体的

体积和质量无关。

9. 证明大气压强存在的实验是马德堡半球实验。

10. 大气压强产生的原因：空气受到重力作用而产生的，大气压强随高度的增大而减小。

11. 测定大气压强值的实验是：托里拆利实验。

12. 测定大气压的仪器是：气压计，常见气压计有水银气压计和无液气压计（金属盒气压计）。

13. 标准大气压：把等于760毫米水银柱的大气压。1标准大气压 = 760毫米汞柱 = 1.013×10^5 帕 = 10.34米水柱。

14. 沸点与气压关系：一切液体的沸点，都是气压减小时降低，气压增大时升高。

15. 流体压强大小与流速关系：在流体中流速越大地方，压强越小；流速越小的地方，压强越大。

浮力

青少年应该知道的物理知识

1. 浮力：一切浸入液体的物体，都受到液体对它竖直向上的力，这个力叫浮力。浮力方向总是竖直向上的。（物体在空气中也受到浮力）

2. 物体沉浮条件：（开始是浸没在液体中）

方法一：（比浮力与物体重力大小）

(1) $F_浮 < G$，下沉；(2) $F_浮 > G$，上浮 (3) $F_浮 = G$，悬浮或漂浮

方法二：（比物体与液体的密度大小）

(1) $F_浮 < G$，下沉；(2) $F_浮 > G$，上浮 (3) $F_浮 = G$，悬浮。（不会漂浮）

3. 浮力产生的原因：浸在液体中的物体受到液体对它的向上和向下的压力差。

4. 阿基米德原理：浸入液体里的物体受到向上的浮力，浮力大小等于它排开的液体受到的重力。（浸没在气体里的物体受到的浮力大小等于它排开气体受到的重力）

5. 阿基米德原理公式：

6. 计算浮力方法有：

(1) 称量法：$F_浮 = G - F$，（G 是物体受到重力，F 是物体浸入液体中弹簧秤的读数）

(2) 压力差法：$F_浮 = F_{向上} - F_{向下}$

(3) 阿基米德原理：

(4) 平衡法：$F_浮 = G_物$（适合漂浮、悬浮）

7. 浮力利用

(1) 轮船：用密度大于水的材料做成空心，使它能排开更多的水。这就是制成轮船的道理。

（2）潜水艇：通过改变自身的重力来实现沉浮。

（3）气球和飞艇：充入密度小于空气的气体。

力和运动

1. 牛顿第一定律：一切物体在没有受到外力作用的时候，总保持静止状态或匀速直线运动状态。（牛顿第一定律是在经验事实的基础上，通过进一步的推理而概括出来的，因而不能用实验来证明这一定律）。

2. 惯性：物体保持运动状态不变的性质叫惯性。牛顿第一定律也叫做惯性定律。

3. 物体平衡状态：物体受到几个力作用时，如果保持静止状态或匀速直线运动状态，我们就说这几个力平衡。当物体在两个力的作用下处于平衡状态时，就叫做二力平衡。

4. 二力平衡的条件：作用在同一物体上的两个力，如果大小相等、方向相反、并且在同一直线上，则这两个力二力平衡时合力为零。

5. 物体在不受力或受到平衡力作用下都会保持静止状态或匀速直线运动状态。

简单机械

1. 杠杆：一根在力的作用下能绕着固定点转动的硬棒就叫杠杆。

2. 什么是支点、动力、阻力、动力臂、阻力臂？

（1）支点：杠杆绕着转动的点（o）

（2）动力：使杠杆转动的力（F_1）

（3）阻力：阻碍杠杆转动的力（F_2）

（4）动力臂：从支点到动力的作用线的距离（L_1）。

（5）阻力臂：从支点到阻力作用线的距离（L_2）

3. 杠杆平衡的条件：动力 × 动力臂 = 阻力 × 阻力臂或写作：$F_1 L_1 = F_2 L_2$ 或写成。这个平衡条件也就是阿基米德发现的杠杆原理。

4. 三种杠杆：

（1）省力杠杆：$L_1 > L_2$，平衡时 $F_1 < F_2$。特点是省力，但费距离。（如剪铁剪刀，铡刀，起子）

（2）费力杠杆：$L_1 < L_2$，平衡时 $F_1 > F_2$。特点是费力，但省距离。（如钓鱼杠，理发剪刀等）

（3）等臂杠杆：$L_1 = L_2$，平衡时 $F_1 = F_2$。特点是既不省力，也不费力。（如：天平）

5. 定滑轮特点：不省力，但能改变动力的方向。（实质是个等臂杠杆）

6. 动滑轮特点：省一半力，但不能改变动力方向，要费距离。（实质是动力臂为阻力臂二倍的杠杆）

7. 滑轮组：使用滑轮组时，滑轮组用几段绳子吊着物体，提起物体所用的力就是物重的几分之一。

功

1. 功的两个必要因素：一是作用在物体上的力；二是物体在力的方向上通过的距离。

2. 功的计算：功（W）等于力（F）跟物体在力的方向上通过的距离（s）的乘积。（功 = 力 × 距离）

3. 功的公式：$W = Fs$；单位：$W \to$ 焦；$F \to$ 牛顿；$s \to$ 米。（1 焦 = 1 牛·米）。

4. 功的原理：使用机械时，人们所做的功，都等于不用机械而直接用手所做的功，也就是说使用任何机械都不省功。

5. 斜面：$FL = Gh$ 斜面长是斜面高的几倍，推力就是物重的几分之一。（螺丝、盘山公路也是斜面）

6. 机械效率：有用功跟总功的比值叫机械效率。

计算公式：$P_有/W = \eta$

7. 功率（P）：单位时间（t）里完成的功（W），叫功率。

计算公式：。单位：$P \to$ 瓦特；$W \to$ 焦；$t \to$ 秒。（1 瓦 = 1 焦/秒。1 千瓦 = 1000 瓦）

机械能

1. 一个物体能够做功，这个物体就具有能（能量）。

2. 动能：物体由于运动而具有的能叫动能。

3. 运动物体的速度越大，质量越大，动能就越大。

4. 势能分为重力势能和弹性势能。

5. 重力势能：物体由于被举高而具有的能。

6. 物体质量越大，被举得越高，重力势能就越大。

7. 弹性势能：物体由于发生弹性形变而具的能。

8. 物体的弹性形变越大，它的弹性势能就越大。

9. 机械能：动能和势能的统称。（机械能 = 动能 + 势能）单位是：焦耳

10. 动能和势能之间可以互相转化的。

方式有：动能　重力势能；动能　弹性势能。

11. 自然界中可供人类大量利用的机械能有风能和水能。

内能

1. 内能：物体内部所有分子做无规则运动的动能和分子势能的总和叫内能。（内能也称热能）

2. 物体的内能与温度有关：物体的温度越高，分子运动速度越快，内能就越大。

3. 热运动：物体内部大量分子的无规则运动。

4. 改变物体的内能两种方法：做功和热传递，这两种方法对改变物体的内能是等效的。

5. 物体对外做功，物体的内能减小；

外界对物体做功，物体的内能增大。

6. 物体吸收热量，当温度升高时，物体内能增大；

物体放出热量，当温度降低时，物体内能减小。

7. 所有能量的单位都是：焦耳。

8. 热量（Q）：在热传递过程中，传递能量的多少叫热量。（物体含有多少热量的说法是错误的）

9. 比热（c）：单位质量的某种物质温度升高（或降低）1℃，吸收（或放出）的热量叫做这种物质的比热。

10. 比热是物质的一种属性，它不随物质的体积、质量、形状、位置、温度的改变而改变，只要物质相同，比热就相同。

11. 比热的单位是：焦耳/（千克·℃），读作：焦耳每千克摄氏度。

12. 水的比热是：$C = 4.2 \times 10^3$ 焦耳/（千克·℃），它表示的物理意义是：每千克的水当温度升高（或降低）1℃时，吸收（或放出）的热量是 4.2×10^3 焦耳。

13. 热量的计算：

① $Q_{吸} = cm(t - t_0) = cm\triangle t$ 升（$Q_{吸}$ 是吸收热量，单位是焦耳；c 是物体比热，单位是：焦/（千克·℃）；m 是质量；t_0 是初始温度；t 是后来的温度。

② $Q_{放} = cm(t_0 - t) = cm\triangle t$ 降

14. 热值（q）：1 千克某种燃料完全燃烧放出的热量，叫热值。单位是：焦耳/千克。

15. 燃料燃烧放出热量计算：$Q_放 = qm$；（$Q_放$ 是热量，单位是：焦耳；q 是热值，单位是：焦/千克；m 是质量，单位是：千克。

16. 利用内能可以加热，也可以做功。

17. 内燃机可分为汽油机和柴油机，它们一个工作循环由吸气、压缩、做功和排气四个冲程。一个工作循环中对外做功 1 次，活塞往复 2 次，曲轴转 2 周。

18. 热机的效率：用来做有用功的那部分能量和燃料完全燃烧放出的能量之比，叫热机的效率。的热机的效率是热机性能的一个重要指标

19. 在热机的各种损失中，废气带走的能量最多，设法利用废气的能量，是提高燃料利用率的重要措施。

电路初探

1. 电源：能提供持续电流（或电压）的装置。

2. 电源是把其他形式的能转化为电能。如干电池是把化学能转化为电能。发电机则由机械能转化为电能。

3. 有持续电流的条件：必须有电源和电路闭合。

4. 导体：容易导电的物体叫导体。如：金属，人体，大地，酸、碱、盐的水溶液等。

5. 绝缘体：不容易导电的物体叫绝缘体。如：橡胶，玻璃，陶瓷，塑料，油，纯水等。

6. 电路组成：由电源、导线、开关和用电器组成。

7. 电路有三种状态：（1）通路：接通的电路叫通路；（2）断路：断开的电路叫开路；（3）短路：直接把导线接在电源两极上的电路叫短路。

8. 电路图：用符号表示电路连接的图叫电路图。

9. 串联：把电路元件逐个顺次连接起来的电路，叫串联。（电路中任意一处断开，电路中都没有电流通过）

10. 并联：把电路元件并列地连接起来的电路，叫并联。（并联电路中各个支路是互不影响的）

11. 电流的大小用电流强度（简称电流）表示。

12. 电流 I 的单位是：国际单位是：安培（A）；常用单位是：毫安（mA）、微安（A）。1 安培 = 10^3 毫安 = 10^6 微安。

13. 测量电流的仪表是：电流表，它的使用规则是：①电流表要串联在电路中；②接线柱的接法要正确，使电流从"＋"接线柱入，从"－"接线柱出；③被测电流不要超过电流表的量程；④绝对不允许不经过用电器而把电流表连到电源的两极上。

14. 实验室中常用的电流表有两个量程：①0~0.6安，每小格表示的电流值是0.02安；②0~3安，每小格表示的电流值是0.1安。

15. 电压（U）：电压是使电路中形成电流的原因，电源是提供电压的装置。

16. 电压U的单位是：国际单位是：伏特（V）；常用单位是：千伏（KV）、毫伏（mV）、微伏（V）。1千伏 = 10^3 伏 = 10^6 毫伏 = 10^9 微伏。

17. 测量电压的仪表是：电压表，它的使用规则是：①电压表要并联在电路中；②接线柱的接法要正确，使电流从"＋"接线柱入，从"－"接线柱出；③被测电压不要超过电压表的量程；

18. 实验室中常用的电压表有两个量程：①0~3伏，每小格表示的电压值是0.1伏；②0~15伏，每小格表示的电压值是0.5伏。

19. 熟记的电压值：

①1节干电池的电压1.5伏；②1节铅蓄电池电压是2伏；③家庭照明电压为220伏；④对人体安全的电压是：不高于36伏；⑤工业电压380伏。

20. 电阻（R）：表示导体对电流的阻碍作用。（导体如果对电流的阻碍作用越大，那么电阻就越大，而通过导体的电流就越小）。

21. 电阻（R）的单位：国际单位：欧姆（Ω）；常用的单位有：兆欧（MΩ）、千欧（KΩ）。

1兆欧 = 10^3 千欧；1千欧 = 10^3 欧。

22. 决定电阻大小的因素：导体的电阻是导体本身的一种性质，它的大小决定于导体的材料、长度、横截面积和温度。（电阻与加在导体两端的电压和通过的电流无关）

23. 变阻器：（滑动变阻器和电阻箱）

（1）滑动变阻器：

①原理：改变接入电路中电阻线的长度来改变电阻的。

②作用：通过改变接入电路中的电阻来改变电路中的电流和电压。

③铭牌：如一个滑动变阻器标有"50Ω2A"表示的意义是：最大阻值是50Ω，允许通过的最大电流是2A。

④正确使用：A. 应串联在电路中使用；B. 接线要"一上一下"；C. 通电前应把阻值调至最大的地方。

（2）电阻箱：是能够表示出电阻值的变阻器。

欧姆定律

1. 欧姆定律：导体中的电流，与导体两端的电压成正比，与导体的电阻成反比。

2. 公式：（$I = \dfrac{U}{R}$）式中单位：I→安（A）；U→伏（V）；R→欧（Ω）。1安 = 1伏

/欧。

3. 公式的理解：①公式中的 I、U 和 R 必须是在同一段电路中；②I、U 和 R 中已知任意的两个量就可求另一个量；③计算时单位要统一。

4. 欧姆定律的应用：

①同一个电阻，阻值不变，与电流和电压无关，但加在这个电阻两端的电压增大时，通过的电流也增大。（$R = \dfrac{U}{I}$）

②当电压不变时，电阻越大，则通过的电流就越小。（$I = \dfrac{U}{R}$）

③当电流一定时，电阻越大，则电阻两端的电压就越大。（$U = IR$）

5. 电阻的串联有以下几个特点：（指 R_1，R_2 串联）

①电流：$I = I_1 = I_2$（串联电路中各处的电流相等）

②电压：$U = U_1 + U_2$（总电压等于各处电压之和）

③电阻：$R = R_1 + R_2$（总电阻等于各电阻之和）如果 n 个阻值相同的电阻串联，则有 R 总 $= nR$

④分压作用

⑤比例关系：电流：$I1 : I2 = 1 : 1$

6. 电阻的并联有以下几个特点：（指 R_1，R_2 并联）

①电流：$I = I_1 + I_2$（干路电流等于各支路电流之和）

②电压：$U = U_1 = U_2$（干路电压等于各支路电压）

③电阻：（总电阻的倒数等于各并联电阻的倒数和）如果 n 个阻值相同的电阻并联，则有 $1/R$ 总 $= 1/R_1 + 1/R_2$

④分流作用：$I_1 : I_2 = 1/R_1 : 1/R_2$

⑤比例关系：电压：$U_1 : U_2 = 1 : 1$

电功

1. 电功（W）：电流所做的功叫电功，

2. 电功的单位：国际单位：焦耳。常用单位有：度（千瓦时），1 度 = 1 千瓦时 = 3.6×10^6 焦耳。

3. 测量电功的工具：电能表（电度表）

4. 电功计算公式：$W = UIt$（式中单位 $W \rightarrow$ 焦（J）；$U \rightarrow$ 伏（V）；$I \rightarrow$ 安（A）；$t \rightarrow$ 秒）。

5. 利用 $W = UIt$ 计算电功时注意：①式中的 W、U、I 和 t 是同一段电路；②计算时单位要统一；③已知任意的三个量都可以求出第四个量。

6. 计算电功还可用以下公式：$W = I_2Rt$；$W = Pt$；$W = UQ$（Q 是电量）；

7. 电功率（P）：电流在单位时间内做的功。单位有：瓦特（国际）；常用单位有：千瓦

8. 计算电功率公式：（式中单位 $P\to$ 瓦（W）；$W\to$ 焦；$t\to$ 秒；$U\to$ 伏（V）；$I\to$ 安（A）

9. 利用计算时单位要统一，①如果 W 用焦、t 用秒，则 P 的单位是瓦；②如果 W 用千瓦时、t 用小时，则 P 的单位是千瓦。

10. 计算电功率还可用右公式：$P = I_2R$ 和 $P = U_2/R$

11. 额定电压（U_0）：用电器正常工作的电压。

12. 额定功率（P_0）：用电器在额定电压下的功率。

13. 实际电压（U）：实际加在用电器两端的电压。

14. 实际功率（P）：用电器在实际电压下的功率。

当 $U > U_0$ 时，则 $P > P_0$；灯很亮，易烧坏。

当 $U < U_0$ 时，则 $P < P_0$；灯很暗，

当 $U = U_0$ 时，则 $P = P_0$；正常发光。

（同一个电阻或灯炮，接在不同的电压下使用，则有；如：当实际电压是额定电压的一半时，则实际功率就是额定功率的 1/4。例 "220V100W" 是表示额定电压是 220 伏，额定功率是 100 瓦的灯泡如果接在 110 伏的电路中，则实际功率是 25 瓦。）

15. 焦耳定律：电流通过导体产生的热量，与电流的平方成正比，与导体的电阻成正比，与通电时间成正比。

16. 焦耳定律公式：$Q = I_2Rt$，（式中单位 $Q\to$ 焦；$I\to$ 安（A）；$R\to$ 欧（Ω）；$t\to$ 秒。）

17. 当电流通过导体做的功（电功）全部用来产生热量（电热），则有 $W = Q$，可用电功公式来计算 Q。（如电热器，电阻就是这样的。）

电 热

1. 家庭电路由：进户线→电能表→总开关→保险盒→用电器。

2. 两根进户线是火线和零线，它们之间的电压是 220 伏，可用测电笔来判别。如果测电笔中氖管发光，则所测的是火线，不发光的是零线。

3. 所有家用电器和插座都是并联的。而开关则要与它所控制的用电器串联。

4. 保险丝：是用电阻率大，熔点低的铅锑合金制成。它的作用是当电路中有过大的电流时，保险产生较多的热量，使它的温度达到熔点，从而熔断，自动切断电路，起到保险的作用。

5. 引起电路中电流过大的原因有两个：一是电路发生短路；二是用电器总功率过大。

6. 安全用电的原则是：①不接触低压带电体；②不靠近高压带电体。

在安装电路时，要把电能表接在干路上，保险丝应接在火线上（一根足够）；控制开关应串联在干路

电转换磁

1. 磁性：物体吸引铁、镍、钴等物质的性质。

2. 磁体：具有磁性的物体叫磁体。它有指向性：指南北。

3. 磁极：磁体上磁性最强的部分叫磁极。

①任何磁体都有两个磁极，一个是北极（N 极）；另一个是南极（S 极）

②磁极间的作用：同名磁极互相排斥，异名磁极互相吸引。

4. 磁化：使原来没有磁性的物体带上磁性的过程。

5. 磁体周围存在着磁场，磁极间的相互作用就是通过磁场发生的。

6. 磁场的基本性质：对入其中的磁体产生磁力的作用。

7. 磁场的方向：在磁场中的某一点，小磁针静止时北极所指的方向就是该点的磁场方向。

8. 磁感线：描述磁场的强弱和方向而假想的曲线。磁体周围的磁感线是从它北极出来，回到南极。（磁感线是不存在的，用虚线表示，且不相交）

9. 磁场中某点的磁场方向、磁感线方向、小磁针静止时北极指的方向相同。

10. 地磁的北极在地理位置的南极附近；而地磁的南极则在地理位置的北极附近。（地磁的南北极与地理的南北极并不重合，它们的交角称磁偏角，这是我国学者：沈括最早记述这一现象。）

11. 奥斯特实验证明：通电导线周围存在磁场。

12. 安培定则：用右手握螺线管，让四指弯向螺线管中电流方向，则大拇指所指的那端就是螺线管的北极（N 极）

13. 安培定则的易记易用：入线见，手正握；入线不见，手反握。大拇指指的一端是北极（N 极）。

14. 通电螺线管的性质：①通过电流越大，磁性越强；②线圈匝数越多，磁性越强；③插入软铁芯，磁性大大增强；④通电螺线管的极性可用电流方向来改变。

15. 电磁铁：内部带有铁芯的螺线管就构成电磁铁。

16. 电磁铁的特点：①磁性的有无可由电流的通断来控制；②磁性的强弱可由改变电流大小和线圈的匝数来调节；③磁极可由电流方向来改变。

17. 电磁继电器：实质上是一个利用电磁铁来控制的开关。它的作用可实现远距离操作，利用低电压、弱电流来控制高电压、强电流。还可实现自动控制。

18. 电磁感应：闭合电路的一部分导体在磁场中做切割磁感线运动时，导体中就产生电流，这种现象叫电磁感应，产生的电流叫感应电流。

19. 产生感生电流的条件：①电路必须闭合；②只是电路的一部分导体在磁场中；③这部分导体做切割磁感线运动。

20. 感应电流的方向：跟导体运动方向和磁感线方向有关。

21. 电磁感应现象中是机械能转化为电能。

22. 发电机的原理是根据电磁感应现象制成的。交流发电机主要由定子和转子。

23. 高压输电的原理：保持输出功率不变，提高输电电压，同时减小电流，从而减小电能的损失。

24. 磁场对电流的作用：通电导线在磁场中要受到磁力的作用。是由电能转化为机械能。应用是制成电动机。

25. 通电导体在磁场中受力方向：跟电流方向和磁感线方向有关。

26. 直流电动机原理：是利用通电线圈在磁场里受力转动的原理制成的。

27. 交流电：周期性改变电流方向的电流。

28. 直流电：电流方向不改变的电流。

中级物理口诀选

1. 记录测量结果测量结果三部分，准确、估计和单位。

2. 托盘天平的使用托盘天平要放平，游码复位再调衡。左盘放物左砝码，砝码要用镊子夹。

3. 重力地球吸物生重力。G 与 m 成正比。作用点在重心，竖直向下莫忘记。

4. 力的图示分析物体受几力，按力大小成比例。图中标明"三要素"，点向信箭要标齐。

5. 二力平衡二力作用同一物，等值反向一直线。物体受到平衡力，运动状态不改变。

6. 摩擦力物沿表面滚或滑，表面不平生摩擦。加大压力面粗糙，能够增大益摩擦。有害摩擦要减小，润滑减压滚代滑。

7. 密度：密度表示物特性，物变大小才变动。密度定义要记熟，质量体积来相除。算出密度辨物质，选用材料不糊涂。要求体积公式变，m 比 p 很方便。欲求质量再变形，p，v 相乘结果出。

8. 压强压力除以受力面，压强增大效果显。要想压强来增大，增大压强缩小面。

力小面大压强小，能够保护受力面。

9. 阿基米德原理物体浸在流体中，压力之差产浮力。方向竖直往上指，值等排开流体重。

10. 车力臂方法一定点，二画线，点向线，引垂线。

11. 光的反射定律

反射定律内容多，只记三线和两角。入射反射和法线，还有入射反射角。三线共面法居中，入反两线在两侧。两角相等有顺序，不能随意颠倒说。

12. 凸透镜成像规律一倍焦距分虚实，二倍焦距分大小。物近像远像变大，物远像近像变小。

13. 分子运动论基本内容物质分子来构成，无规则运动永不停。相互作用引和斥，三点内容要记清。

14. 左右手定则应用电生磁，磁生电，要用右手来判断。磁对电流有作用，须用左手来确定。

高级物理知识

第一章 力

1. 力

一、力

1. 力是物体对物体的作用。

这里指出了力的物质性，没有脱离物体而存在的力，一个孤立的物体不会存在力的作用。也就是说，有受力物体，一定有另一个物体对它施加力的作用。力是不能离开施力物体和受力物体而独立存在的。

2. 力的大小和方向

（1）力的大小用弹簧秤来测量。单位是 N（牛）。

（2）力是有方向的物理量。

（3）力的图示。为了形象地表达一个力，可以用一条带箭头的线段（有向线段）来表示：线段的长短表示力的大小；

箭头指向表示力的方向；

箭尾（或箭头）常画在力的作用点上（在有些问题中为了方便，常把物体用一个点代表）。

例1（教师做）：卡车对拖车的牵引力 F 的大小是 $2000N$，方向水平向右，作出力 F 的图示。

步骤：选一标度（依题而定其大小）：如用 $1cm$ 长的线段表示 $500N$ 的力。

从力 F 的作用点 O 向右水平画一线段四倍于标度（4cm），然后画上箭头（图1）：

500N　　　　　　　　　　F=2000N

图 1

例2（学生做）：作出下列力的图示：（可同时出三个题，全班分三组，每组做一个题，并分别选一个学生在黑板上做。）①物体受 250N 的重力。

②用细线拴一个物体，并用 400N 的力竖直上提物体。

③水平向左踢足球，用力大小 1000N。

答案：

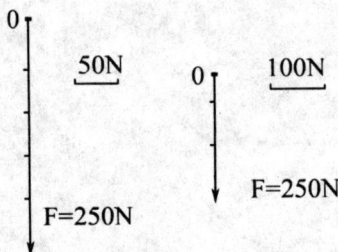

图 2

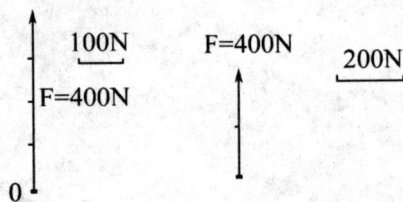

图 3

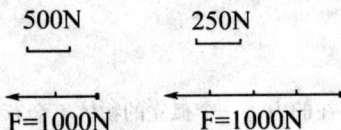

图 4

说明：①选不同标度（单位），力的图示线段的长短可不同；

②标度的选取要有利于作图示。

3. 力的作用效果：

使物体发生形变；

改变物体的运动状态。

小结：力不但有大小，而且有方向。大小、方向和作用点常称为力的三要素。力的图示是形象地表述一个力的方法，不要忘记定标度。力的图示要正确反映力的三要素。

4. 力的分类

按性质命名的力：重力、弹力、摩擦力、分子力、电力、磁力，等等。

按效果命名的力：拉力、压力、支持力、动力、阻力等。

2. 弹力

1. 弹力是怎样产生的?

物体的形状或体积的改变叫形变

发生形变的物体,由于要恢复原状,对跟它接触的物体产生地的作用,这种力叫弹力。

可见,弹力的产生需两个条件:直接接触并发生形变。

2. **任何物体都会发生形变**

实验操作:显示微小形变的装置。

(1)入射光的位置不变,将光线经 M、N 两平面镜两次反射,射到一个刻度尺上,形成一光亮点。用力压桌面,同学会看到什么现象?

学生:光点在刻度尺上移动?

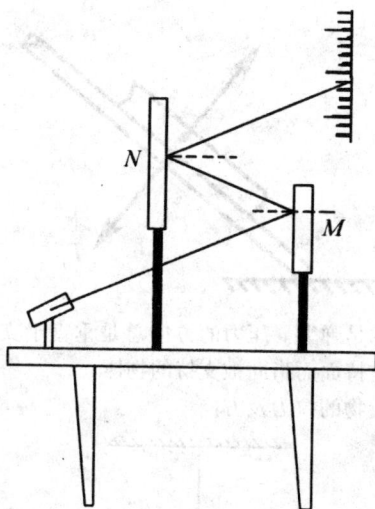

分析:桌面有了形变,使 M、N 平面镜的位置发生了微小的变化。

总结:我们通常用眼看到一些物体发生形变,还有一些物体眼睛根本观察不到它的形变,一切物体都在力的作用下会发生形成。

3. **弹力的方向**

一般情况下,凡是支持物对物体的支持力,都是支持物因发生形变而对物体产生弹力。所以支持力的方向总是垂直于支持面而指向被支持的物体。

例1：放在水平桌面上的书

书由于重力的作用而压迫桌面，使书和桌面同时发生微小形变，要恢复原状，对桌面产生垂直于桌面向下的弹力 F_1，这就是书对桌面的压力；桌面由于发生微小的形变，对书产生垂直于书面向上的弹力 F_2，这就是桌面对书的支持力。

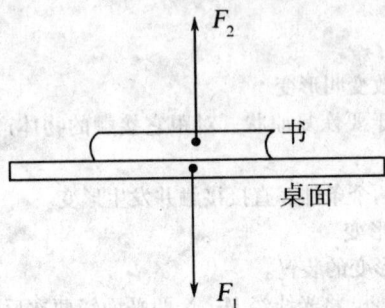

分析：静止地放在倾斜木板上的书，书对木板的压力和木板对书的支持力。并画出力的示意图。

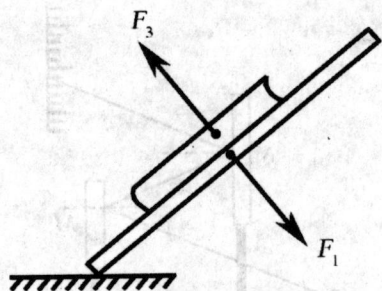

结论：压力、支持力都是弹力。压力的方向总是垂直于支持面而指向被压的物体，支持力的方向总是垂直于支持面而指向被支持的物体。

分析静止时，悬绳对重物的拉力及方向。

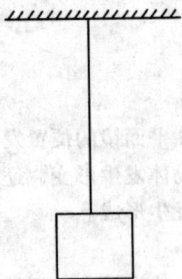

引导得出：悬挂物由于重力的作用而拉紧悬绳，使重物、悬绳同时发生微小的形变。重物由于发生微小的形变，对悬绳沉重竖直向下的弹力 F_1，这是物对绳的拉力；悬绳由于发生微小形变，对物产生竖直向上的弹力 F_2，这就是绳对物体的拉力。

结论：拉力是弹力，方向总是沿着绳而指向绳收缩的方向。

下列各静止物体的弹力（接触面光滑）

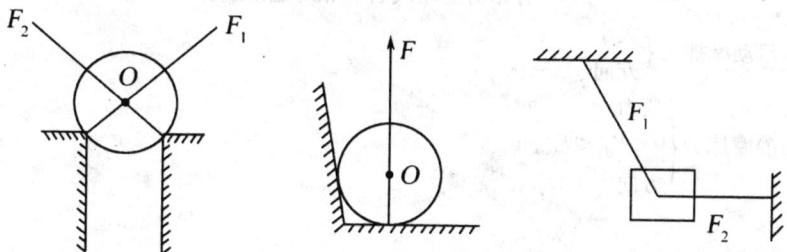

4. 形变的种类

形变分为拉伸形变、弯曲形变、扭转形变。比如弹簧的伸长或缩短为拉伸形变，弓、跳板的形变为弯曲形变，金属丝被扭转为扭转形变。

总结：产生弹力的大小与形变程度有关，形变程度越大，产生的弹力就越大。

3. 摩擦力

1. 滑动摩擦

滑动摩擦力：相互接触的两物体，一个物体在另一物体表面相对滑动时受到的阻碍它相对滑动的力。

接触面越粗糙，滑动摩擦力越大。

u 是动摩擦因数，由接触面的材料和粗糙程度决定，是没有单位的，u 是 F 与 FN 的比值。

滑动摩擦力的放向总是与接触面相切，且与相对运动方向相反。

2. 滑动摩擦力的方向与物体相对接触面的运动方向相反，而不能说与物体运动方向相反。

3. 滚动摩擦：一个物体在另一个物体表面滚动时产生的摩擦。

4. 静摩擦：

结论：最大静摩擦力就是物体刚开始运动时所需的最小推力。

静摩擦力随着推理的增大而增大，它的极限值就是最大静摩擦力。可见，静摩擦力是一个变力，变化范围为：$0 < F \leq F_{max}$

三、小结

1. 摩擦力产生的条件 {
   1. 两物体相互接触
   2. 接触面粗糙。
   3. 在接触面上有重点作用的正压力
   4. 有相对运动或者有相对运动趋势

2. 滑动摩擦力 { 大小
   方向

3. 静摩擦力 { 变力
   $0 < F_{静} \leq F_{max}$
   方向

4. 力 的 合 成

一、力的合成

甲　　　　乙

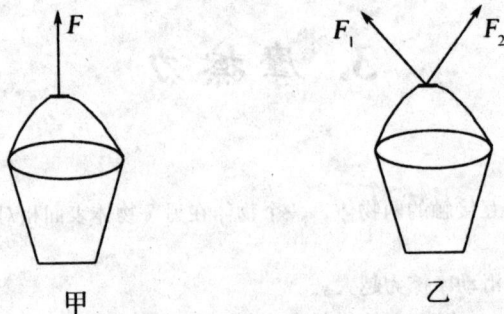

　　如图甲，一个力用力 F 可以把一筒水慢慢地提起，图乙是两个人分别用 F_1、F_2 两个力把同样的一筒水慢慢地提起。那么力 F 的作用效果与 F_1、F_2 的共同作用的效果如何？

　　学生：效果是一样的。

　　老师：那么力 F 就叫做 F_1 与 F_2 的合力，如果我们要求 F_1 和 F_2 的合力，就叫力的合成。我们这节课就来学习力的合成符合什么规律。

　　2. 如何进行力的合成呢？请看下面实验

　　（1）把放木板固定在黑板上，用图钉把白纸定字再生放木块上。

　　（2）用图钉把橡皮条一端固定在 A 点，结点自然状态在 O 点，结点上系着细绳，细绳的另一端系着绳套。

（3）用两弹簧秤分别勾住绳索，互成角度地拉橡皮条，使结点到达 O' 点。让学生记下 O' 的位置，用铅笔和刻度尺在白纸上从 O' 点沿两条细纸的方向画线，记下 F_1、F_2 的力的大小。

（4）放开弹簧秤，使结点重新回到 O 点，再用一只弹簧秤，通过细绳把橡皮条的结点拉到 O'，读出弹簧秤的示数 F，记下细绳的方向，按同一标度作出 F_1、F_2 和 F_1 的力的图示。

（5）用三角板以 F_1、F_2 为邻边作平行四边形，在误差范围内，F 几乎是 F_1、F_2 为邻边的平行四边形的对角线。

经过前人们很多次的、精细的实验，最后确认，对角线的长度、方向、跟合力的大小、方向一致，即对角线与合力重合，也就是说，对角线就表示 F_1、F_2 的合力。

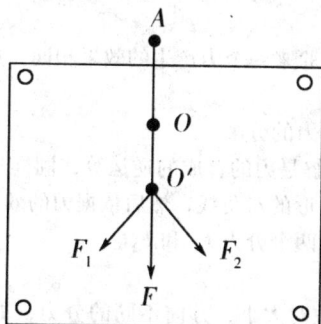

总结：可见互成角度的两个力的合成，不是简单的斤两个力相加减，而是用表示两个力的有向线段为邻边作平行四边形，这两邻边之间的对角线就表示合力的大小和方向。这就要平行四边形定则。以后我们还要利用这个定则进行速度、加速度等的合成，只要是矢量的合成、就遵从平行四边形定则。

3. 运用平行四边形定则求互成角度的两个力的合力。

例：力 $F_1 = 45N$，方向水平向右。力 $F_2 = 60N$，方向竖直向上，用作图法求解合力 F 的大小和方向。

解：选择某一标度，利用 $0.5cm$ 的长度表示 $15N$ 的力，作出力的平行四边形，用刻度尺量出对角线的长度 L，利用 $F = 15N \times \dfrac{L}{0.5}$ 即可求出。

5. 力的分解

分力及力的分解概念

用两个弹簧秤和一根绳，连接如图所示，绳下挂一个砝码。O 点有大小 $F = mg$ 的

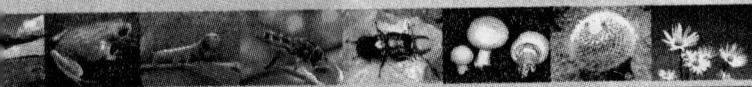

力竖直向下作用，这个力有两个效果：沿两弹簧伸长的方向分别对弹簧 I 和 II 施加拉力 F_1 和 F_2，且 F_1 和 F_2 分别使它们产生拉伸形变，可见力 F 可以用两个力 F_1 和 F_2 代替。

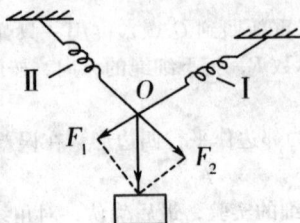

图 1

几个力共同产生的效果跟原来一个力产生的效果相同，这几个力就叫做原来那个力的分力。

求一个已知力的分力叫做力的分解。

（二）如何分解？力的分解是力的合成的逆运算，同样遵守平行四边形定则。把一个力（合力）F 作为平行四边形的对角线，然后依据力的效果画出两个分力的方向，进而作出平行四边形，就可得到两个分力 F_1 和 F_2。

（三）力的分解讨论

1. 一个力可以分解为无数对大小、方向不同的分力，如图 2 所示。（见课本 P14，图 1 – 29）

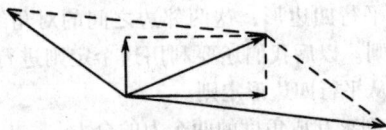

图 2

1. 分力的唯一性条件

（1）已知两个分力的方向，求分力。将力 F 分解为沿 OA、OB 两个方向上的分力时，可以从 F 矢端分别作 OA、OB 的平行线，即可得到两个分力 F_1 和 F_2 如图 3 所示。

（2）已知一个分力的大小和方向，求另一个分力。

已知合力 F 及其一个分力 F_1 的大小和方向时，先连接 F 和 F 的矢端，再过 O 点作射线 OA 与之平行，然后过合力 F 的矢端作分力 F_1 的平行线与 OA 相交，即得到另一个分力 F_2，如图 4 所示。

（3）已知一个分力的方向和另一个分力的大小

青少年应该知道的物理知识

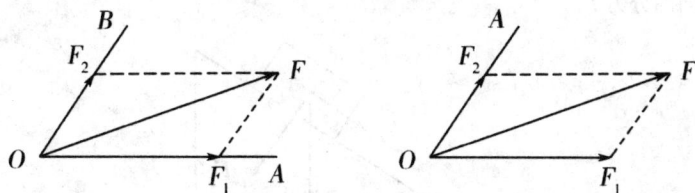

图 4

已知合力 F、分力 F_1 的方向 OA 及另一个分力 F_2 的大小时，先过合力 F 的矢端作 OA 的平行线 mn，然后以 O 为圆心，以 F_2 的长为半径画圆，交 mn，若有两个交点，则有两解（如图 5），若有一个交点，则有一个解（如图 6），若没有交点，则无解（如图 7）。

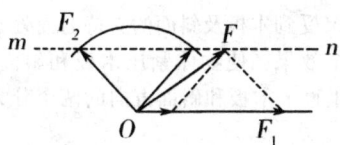

图 5

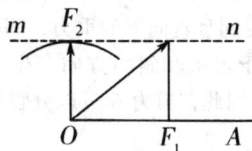

图 6

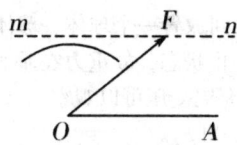

图 7

（四）分力方向的确定：

一个已知力究竟分解到哪两个方向上去，要根据实际情况，由力的效果来决定。

例 1 教材 $P15$ 例 1

放在水平面上的物体受到一个斜向上方的拉力 F，这个力与水平方向成 θ 角，该力产生两个效果：水平向前拉物体，同时竖直向上提物体，因此力 F 可以分解为沿水平方向的分力 F_1 和沿竖直方向的分力 F_2。力 F_1、F_2 的大小为 $F_1 = \cos\theta$，$F_2 = F\sin\theta$。

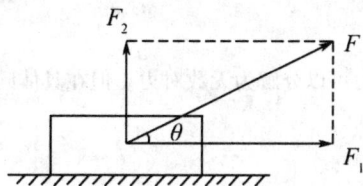

图 8

例 2 教材 $P15$ 例 2

把一个物体放在斜面上，物体受到竖直向下的重力，但它并不能竖直下落，而要沿着斜面下滑，同时使斜面受到压力，重力产生两个效果：使物体沿斜面下滑以及使物体紧压斜面，因此重力 G 可以分解为平行于斜面使物体下滑的分力 F_1 和垂直于斜面使物

体紧压斜面的分力 F_2。

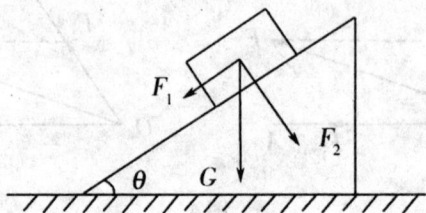

图 9

$F_1 = G\sin\theta$

$F_2 = F\cos\theta$

例3 将铺有海锦的木板及斜面按图10所示放置，让木板呈竖直方向，并在两者之间放置一个球体，球体受到竖直向下的重力，同时又受到木板及斜面的支持力而处于静止状态，故重力在垂直于木板和斜面方向产生两个效果：使物体紧压木板和斜面。（海锦受压可以观察出来）因此，重力 G 可以分解为垂直于木板和斜面方向的两个分力 F_1 和 F_2。

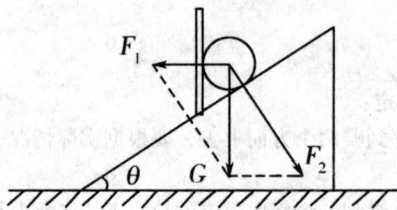

图 10

$F_1 = G\tan\theta$

$F_2 = G/\cos\theta$

综上所述：虽然一个力可以分解为无数对力，但在具体问题中，一定要按照力的效果分解，才是合理的分解。

第二章　直线运动

1. 几个基本概念

（一）机械运动

机械运动：物体相对于其它物体的位置变化叫机械运动，简称运动。

（二）参考系

1. 参考系：在描述一个物体的运动时，选来作为标准的另外的物体叫做参考系。

2. 运动具有相对性：选择不同的参考系来观察同一物体的运动，其观察结果会有不同。

3. 比较两物体的运动情况，只有选择同一参考系，比较才能有意义。

4. 在没有特别指明参考系时，通常是以地面为参考系。

5. 描述一个物体的运动时，参考系可以任意选取，但具体选取时对应物体运动的描述尽量简洁、方便。

（三）质点

1. 质点：用来代替物体的有质量的点叫质点。

2. 质点的概念是一种科学的抽象，是一种理想化的模型。

3. 将物体看作质点的条件：

（1）运动物体的大小跟它在运动过程中所涉及的空间范围相比很小时，可将物体

作为质点处理。例：在铁路上长距离运动的火车、远航的飞机、轮船、绕太阳运动的地球等。

（2）运动物体上各个点的运动情况完全相同时（这种运动叫平动），可以拿物体上某一点的运动代替整个物体的运动，将物体可以看作质点。例：沿斜面下滑的木块。

*说明：物体本身的尺寸大小不是能否看做质点的标准。

2. 位移和时间的关系

1. 匀速直线运动

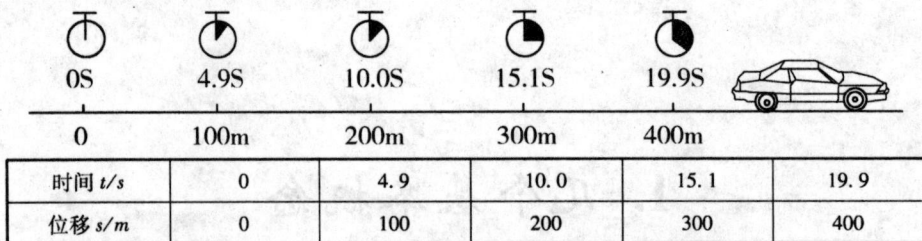

时间 t/s	0	4.9	10.0	15.1	19.9
位移 s/m	0	100	200	300	400

观测结果如下

可以看出，在误差允许的范围内，在相等的时间里汽车的位移相等。

2. 物体在一条直线上运动，如果在相等的时间里位移相等，这种运动就叫做匀速直线运动。

（1）在匀速直线运动中，位移 s 跟发生这段位移所用的时间 t 成正比。

（2）用图象表示位移和时间的关系

在平面直角坐标系中

纵轴表示位移 s

横轴表示时间 t

作出上述汽车运动的 s-t 图象如右图所示

可见匀速直线运动的位移和时间的关系图象是

一条倾斜直线

这种图象叫做位移–时间图象（s-t 图象）

图象的含义

①表明在匀速直线运动中，$s \propto t$

②图象上任一点的横坐标表示运动的时间，对应的纵坐标表示位移

③图象的斜率 $k = \Delta s / \Delta t = v$

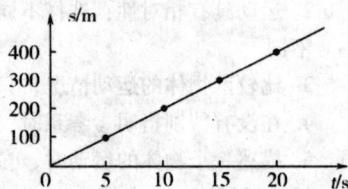

讨论：下面的 $s-t$ 图象表示物体作怎样的运动？

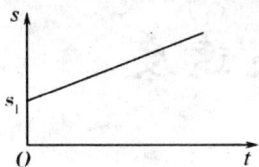
A

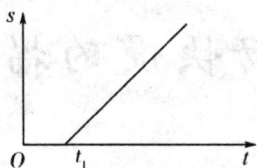
B

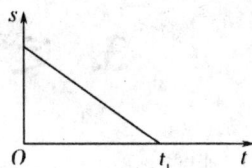
C

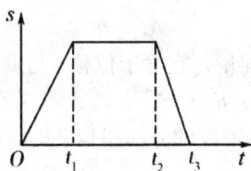
D

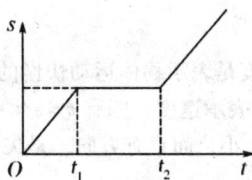
E

（二）变速直线运动

1. 举例：（1）飞机起飞

（2）火车进站

2. 物体在一条直线上运动，如果在相等的时间里位移不相等，这种运动就叫做变速直线运动。

3. 变速直线运动的位移图象不是直线而是曲线（投影显示）

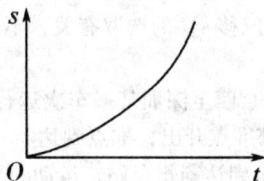

$\begin{cases} \text{匀速直线运动}（s \propto t） \\ \text{变速直线运动}（s \text{ 与 } t \text{ 不成正比}） \end{cases}$

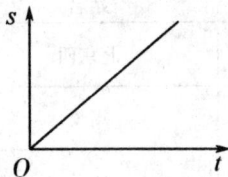

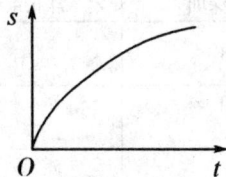

3. 运动快慢的描述 速度

1. 速度
   百米竞赛
   汽车的运动
   火箭的运动

2. 速度：速度是表示物体运动快慢的物理量，它等于位移 s 与发生这段位移所用时间 t 的比值，用 v 表示速度，则有 $v = s/t$ 单位：m/s

速度不但有大小，而且有方向，是矢量，速度的方向跟运动的方向相同。

3. 平均速度

（1）在匀速直线运动中，物体运动的快慢程度不变，位移 s 跟发生这段位移所用的时间 t 成正比，即速度 v 恒定。

（2）在变速直线运动中，物体在相等的时间里位移不相等，比值 s/t 不恒定。

（3）平均速度：在变速直线运动中，位移 s 跟发生这段位移所用时间 t 的比值叫做这段时间的平均速度，用 $\bar{v}$ 表示，有

$$\bar{v} = s/t$$

显然，平均速度只能粗略描述做变速直线运动物体运动的快慢。

平均速度与时间间隔 t（或位移 s）的选取有关，不同时间 t（或不同位移 s）内的平均速度一般是不同的。

例题1 下边是京九铁路北京西至深圳某一车次运行的时刻表，设火车在表中路段做直线运动，且在每一个车站都准点开出，准点到达。

a. 火车由北京西站开出直至到达霸州车站，运动的平均速度是多大？

b. 火车由霸州车站开出直至到达衡水车站，运动的平均速度是多大？

c. 在零时 10 分这一时刻，火车的瞬时速度是多大？

北京西→深圳	自北京西起公里	站名	北京西←深圳
22：18	0	北京西	－ 6：35
23：30 32	92	霸州	22 5：20
0：08 11	147	任丘	39 4：36
1：39 45	274	衡水	10 3：04
…	…	…	…

青少年应该知道的物理知识

解：a. 北京西→霸州

位移 $s=92km$

时间 $t=23:30-22:18=72min=1.2h$

$\therefore \bar{v}=s/t=92/1.2=76.67km/h$

b. 霸州→衡水

位移 $s=274-92=182km$

时间 $t=1:39-23:32=2:07min=2.12h$

$\therefore \bar{v}=s/t=182/2.12=85.85km/h$

c. 在零时 10 分这一时刻，火车的瞬时速度为零。

例题 2 物体沿直线 AC 作变速运动，B 是 AC 的中点，在 AB 段的平均速度为 60m/s，在 BC 段的平均速度为 40m/s，那么在 AC 段的平均速度为多少？

解：设 AC 段位移为 s，那么

通过 AB 段经历的时间 $t_1=(1/2)s/\bar{v}_1=s/120s$

通过 BC 段经历的时间 $t_2=(1/2)s/\bar{v}_2=s/80s$

总时间 $t=t_1+t_2=(s/120+s/80)s$

在 AC 段的平均速度 $\bar{v}=s/t=s/(s/120+s/80)=48m/s$

本题的解答过程告诉我们，求平均速度应严格依据定义进行，不能无根据任意发挥。（比方说用 $\bar{v}=(\bar{v}_1+\bar{v}_2)/2$）

4. 瞬时速度、瞬时速率

运动物体在某一时刻（或某一位置）的速度，叫瞬时速度．瞬时速度的大小叫瞬时速率，简称速率。

因为平均速度不能描述物体在运动过程中任一时刻（或任一位置）运动的快慢，而瞬时速度在日常生产，生活和现代科技中有广泛的应用，例如研究飞机起飞降落时的速度，子弹离开枪口时的速度，人造卫星入轨时的速度等。

例题 3 一物体从静止出发从某一高度向下竖直下落，它的位移大小与时间的函数关系为 $s=5t^2(m)$

①求 $t_1=2s$ 到 $t_2=3s$ 这段时间的平均速度；

②求 $t_1=2s$ 到 $t_2=2.1s$ 这段时间的平均速度；

③求 $t_1=2s$ 到 $t_2=2.01s$ 这段时间的平均速度；

④求 $t_1=2s$ 到 $t_2=2.001s$ 这段时间的平均速度。

解：由位移 s 与时间 t 的关系式 $s=5t_2$ 可以得到各段时间的平均速度

① $\bar{v}_1=s/t=5(3^2-2^2)/(3-2)=25m/s$

② $\bar{v}_2=s/t=5(2.1^2-2^2)/(2.1-2)=20.5m/s$

③ $\bar{v}_3=s/t=5(2.01^2-2^2)/(2.01-2)=20.05m/s$

④ $\bar{v}_4=s/t=5(2.001^2-2^2)/(2.001-2)=20.005m/s$

结论：当时间间隔取得越来越短时，物体平均速度的大小愈来愈趋近于数值 20m/

s，实际上，20m/s 就是物体在 2s 时刻的瞬时速度，它反映了物体在 2s 时刻运动的快慢程度，可见：

质点在某一时刻的瞬时速度，等于时间间隔趋于零时的平均速度值，用数学语言讲叫瞬时速度是平均速度的极限值。

（4）瞬时速度是客观存在的。设想物体在运动过程中任一时刻没有瞬时速度，则也可以推出在其他的任意时刻都没有瞬时速度，这样，又怎样解释物体是运动的呢

（5）瞬时速度是矢量，既有大小，也有方向，在直线运动中瞬时速度的方向与物体经过某一位置时的运动方向相同。

（6）怎样在 $s-t$ 图象中认识瞬时速度。

①讨论：教材第 27 页第（4）题

如图是两个匀速直线运动的位移图象，哪条直线所表示的运动的速度大？各是多大？

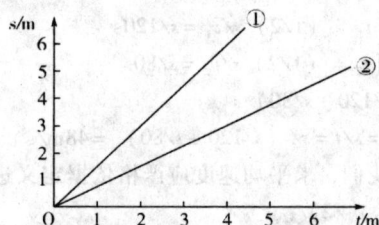

解析：根据匀速直线运动的位移公式 $s=vt$，由于 v 是不变的，s 与 t 呈正比例关系，$s-t$ 图象是一条倾斜直线，该直线的斜率 k 在大小上等于匀速直线运动的速度 v。显然直线②的斜率大于直线①的斜率，即 $v_2 > v_1$

不难求出 $v_1 = 0.75$m/s $v_2 = 1.5$m/s

②在变速直线运动 $s-t$ 图象中，某段时间内的平均速度，可用图象在该段时间内的割线的斜率 k 来表示，如图所示

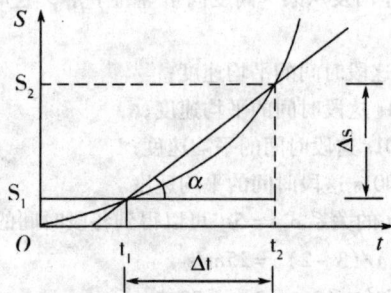

$k = \tan\alpha = \Delta s / \Delta t = \bar{v}$

③在变速直线运动 $s-t$ 图象中，某时刻的瞬时速度，可用图象上过该时刻（或该位置）对应点的切线斜率 k 来表示。如图所示

青少年应该知道的物理知识

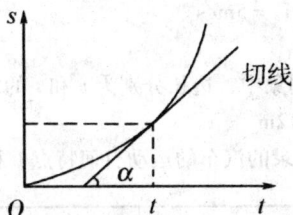

$k = \tan\alpha = v_t$

（7）用正负号表示速度

如果质点做直线运动，可以先建立一维坐标轴，当质点的速度方向与坐标轴的正方向相同时，规定它为正值，而当质点的速度方向与坐标轴的方向相反时，规定它为负值，这样，就可以用带有正、负号的数值表示速度的大小和方向。

讨论：$v_1 = 5m/s$ 和 $v_2 = -10m/s$ 各表示什么意思？谁的速度大？

5. 小结：

$$速度 \begin{cases} 匀速直线运动：v = s/t \\ 变速直线运动 \begin{cases} 平均速度：\bar{v} = s/t \\ 瞬时速度：v = \lim (\Delta s/\Delta t) \\ 瞬时速率：\Delta t \to 0 \end{cases} \end{cases}$$

4. 速度和时间的关系

1. $v - t$ 图象和 $s - t$ 图象的坐标建立有什么区别？

——纵坐标不一样

2. 匀速直线运动的 $v - t$ 图象是怎样的？

——与横轴平行的直线，直线与纵轴（v）的截距表示速度的大小。

用微机系统在屏幕上打出教材第 27 页图 2 – 15

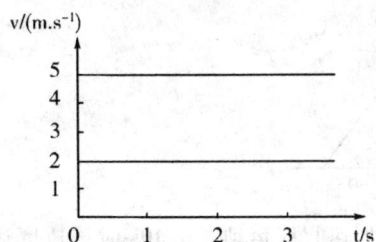

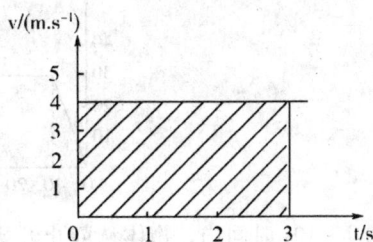

3. 从 $v - t$ 图象中可以获取哪些信息？

（1）可以看出速度的大小

如上图可知：$v_1 = 2\text{m/s}$，$v_2 = 5\text{m/s}$

（2）可以求位移

在匀速直线运动的速度图象中，边长分别为 v 和 t 的矩形的面积大小等于位移的大小（如阴影所示）$s = 4 * 3 = 12\text{m}$

4. 教材第27页表格所记录的汽车的运动有何特点？称什么运动？

时刻 t/s	0	5	10	15
速度 $v/$（$\text{km} \cdot \text{h}^{-1}$）	20	31	40	49

特点：（1）速度不断改变

（2）在误差允许范围内，每隔 5s，汽车的速度增加 10km/h，即在相等的时间内，速度的改变是相等的。

5. 什么是匀变速直线运动？一般有几种？

在变速直线运动中，如果在相等的时间内速度的改变相等，这种运动就叫匀变速直线运动。

一般有：匀加速直线运动（速度随时间增加）

匀减速直线运动（速度随时间减少）

6. 变速直线运动的速度图象是怎样的？

匀变速直线运动的速度图象是一条倾斜的直线，该直线与纵轴的交点表示 $t = 0$ 时刻的速度。（屏幕显示）

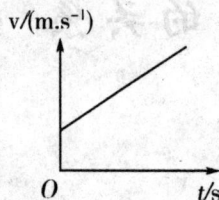

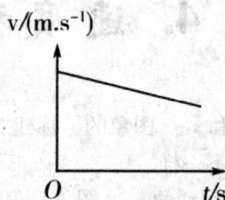

7. 讨论屏幕显示的 $v - t$ 图象，说出物体在这 1min 内各阶段的运动情况。

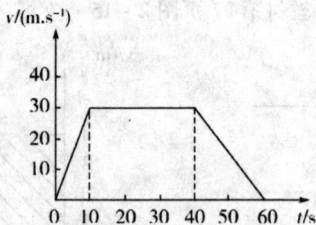

在 0~10s 时间内，物体从静止开始作匀加速直线运动，在 10s 时该速度达到 30m/s。

在 10s~40s 时间内，物体保持 $v = 30\text{m/s}$ 不变，作匀速直线运动。

在 40s ~ 60s 时间内，物体从 30m/s 的速度开始作匀减速直线运动，直至 60s 时刻瞬时速度为零。

8. 从匀变速直线运动的速度图象中可以获取哪些信息？

（1）可以知道各个时刻的瞬时速度的大小

（2）可以知道一段时间间隔对应的位移的大小

图中阴影面积的大小表示作加速运动的物体在 $t_1 \sim t_2$ 时间间隔内的位移大小。

（3）可以确定质点到达某一速度所对应的时刻。

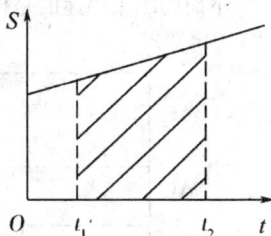

9. 例题讨论：

（1）A、B 两物体在同一直线上同时由同一位置开始运动，其速度图象如图所示，下列说法正确的是（   ）

A. 开始阶段

B. 跑在 A 的后面，20s 后 B 跑在 A 的前面

B. 20s 时刻 B 追上 A，且 A、B 速度相等

C. 40s 时刻 B 追上 A

D. 20s 时刻 A、B 相距最远

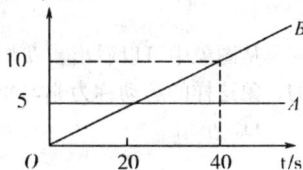

解析：从图象可以知道，A 作 $v_A = 5$m/s 的匀速直线运动，B 作初速度为零的匀加速直线运动，在 40s 时刻，二者位移相等 $s = 200$m，即 B 追上 A。而在此之前，s_B 始终小于 s_A，即在 40s 之前，B 始终落后于 A，因而 A 错，B 错，C 正确；在 $t = 20$s 之前，$v_A > v_B$，A 与 B 相距越来越大，在 20s 之后，$v_A < v_B$，B 又逐渐靠近 A，可见在 $t = 20$s 时刻二者相距最远 $\Delta s = (1/2) \times 5 \times 20 = 50$m，D 项正确。

综上所述，正确选项为 C、D。

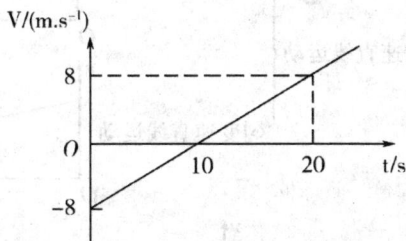

（2）如图是某一质点的速度图象，试对质点在开始运动后 20s 内的运动过程进行描述。

解析：由图象可知，在 $t = 0$ 时刻物体的速度为 -8m/s，而且在 0 ~ 10s 内，速度一直为负值，说明物体以 8m/s 的速度开始向负方向运动，而且速度均匀减少作匀减速直线运动，至 $t = 10s$ 时刻速度减为零离开坐标原点负方向 40m，从第 10s 开始速度改为正方向，物体沿正方向作匀加速直线运动，至第 20s 时刻速度为 8m/s，第 20s 物体的总位移 $s = s_1 + s_2 = -40 + 40 = 0$，即回到出发点。

高级物理知识

41

从图象还可以看出，0~20s 时间间隔内，速度随时间变化的快慢是相同的。

10. 非匀变速直线运动

下面的图象描述的是什么运动？

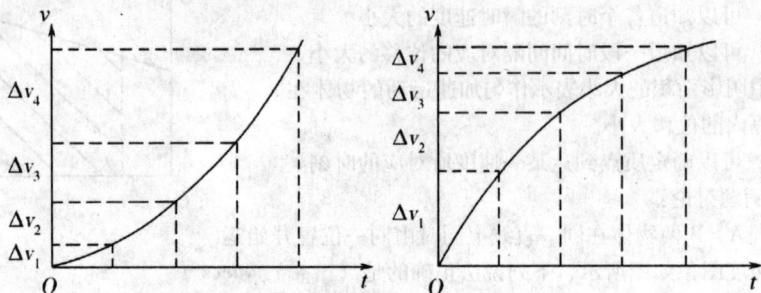

从图象中可以看出，在相同时间内物体速度的改变并不相等，即速度不是均匀改变的，象这样的运动称为非匀变速直线运动。

11. 小结

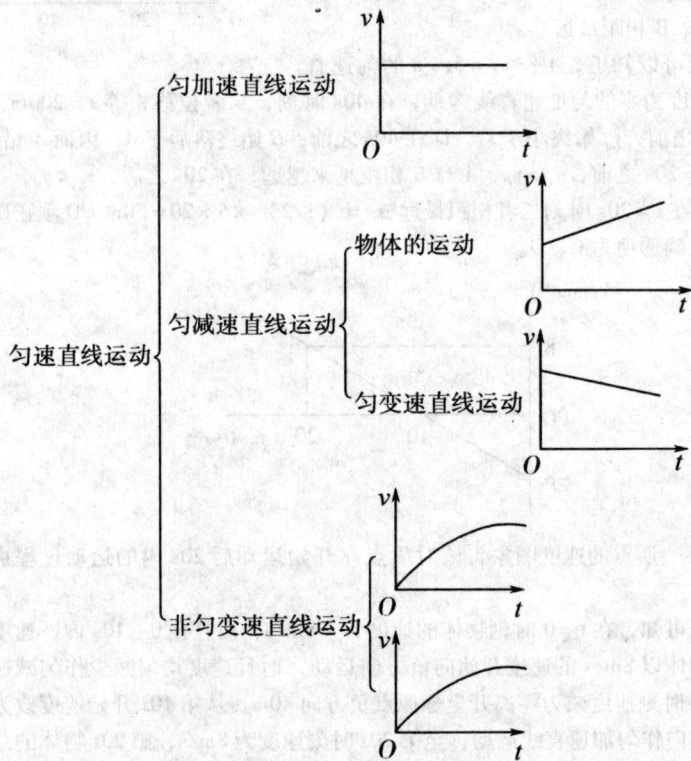

青少年应该知道的物理知识

5. 速度改变快慢的描述 加速度

（一）加速度

1. 定义：加速度等于速度的改变跟发生这一改变所用时间的比值，即

$$a = (v_t - v_0) / t$$

式中 v_t、v_0 分别表示质点的末速度和初速度，t 是质点的速度从 v_0 变化到 v_t 所需的时间，a 表示质点的加速度。

2. 物理意义：加速度是表示速度矢量改变快慢的物理量，其大小在数值上等于单位时间内速度的改变。

3. 单位：在国际单位制中，加速度的单位是米每二次方秒，符号是 m/s^2。

4. 加速度不但有大小，而且有方向，是矢量，加速度的方向与速度改变量 Δ_v 的方向相同。

在变速直线运动中，速度的方向始终在一条直线上，取初速度 v_0 的方向为正方向。

（1）若 $v_t > v_0$，速度增大，a 为正值，表示 a 的方向与 v_0 的方向相同；

（2）若 $v_t < v_0$，速度减少，a 为负值，表示 a 的方向与 v_0 的方向相反。

（二）匀变速直线运动中的加速度

在匀变速直线运动中，速度是均匀变化的，比值 $(v_t - v_0) / t$ 是恒定的，即加速度 a 的大小、方向不改变。因此，匀变速直线运动是加速度不变的运动。

（三）在 $v - t$ 图象中认识加速度

加速度在大小上等于速度对时间的变化率，因此在匀变速直线运动中，$v - t$ 图象的斜率等于质点的加速度，如图中甲图象的加速度 $a_1 = 2m/s^2$，方向与初速度方向相同；乙图象的加速度 $a_2 = -2m/s^2$，负号表示其方向与初速度方向相反。

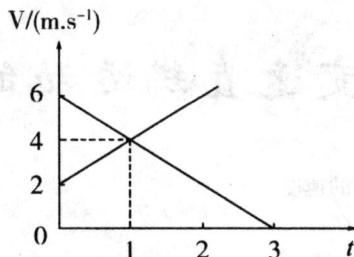

（四）讨论：比较速度 v、匀变速直线运动中的速度改变 Δv、和加速度 a。

	V	Δv	a
定义式	s/t	$v_t - v_0$	$(v_t - v_0)/t$
意义	表示运动的快慢	表示速度改变了多少	表示速度改变的快慢
大小	位移与时间的比值 位移对时间的变化率	$\Delta v = v_t - v_0$	速度改变与时间的比值 速度对时间的变化率
方向	质点运动的方向	可能与 v_0 方向相同也可能与 v_0 方向相反	与 Δv 方向相同
单位	m/s	m/s	m/s^2
与时间的关系	与时刻对应	与时间间隔对应	不随时间改变

（五）练习

以下对于加速度的认识中，哪些是对是?

A. 物体的加速度很大，速度可以很小

B. 物体的速度为零，加速度可以不为零

C. 加速度表示增加的速度

D. 加速度为零时，速度必然为零

解：以图示匀加速直线运动为例，质点加速度不随时间而变，而速度与时刻对应，且均匀增加，在 $t = 0$ 时刻，$v_0 = 0$，而加速度不等于零，其大小等于图象的斜率，可见 A 对，B 对，而 C 错，当物体作匀速直线运动时，其加速度为零而速度不为零。D 项错误。

正确选项为 A、B

（六）小结

加速度 a $\begin{cases} \text{定义：} a = (v_t - v_0)/t \\ \text{物理意义：描述速度改变的快慢} \\ \text{方向：与} \Delta \text{、方向一致} \\ \text{单位：} m/s^2 \\ \text{在} v-t \text{图象中的几何意义：图象的斜率} \end{cases}$

6. 匀变速直线运动的规律

（一）匀变速直线运动的速度

1. 根据 $a = (v_t - v_0)/t$

$V_t = v_0 + at$

这是匀变速直线运动的速度公式，当物体的初速度 v_0 和加速度 a 已知时，任意时

刻 t 的瞬时速度 v_t 可由该式计算得出。

2. 速度公式表示出匀变速直线运动的速度 v_t 是时间 t 的一次函数。

3. 用图象表示 v_t 与 t 的关系，显然是一条倾斜直线，直线的斜率等于物体的加速度，直线在纵轴上的截距等于初速度，这正是前面学习的匀变速直线运动的速度图象。

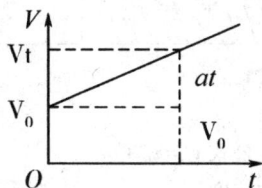

（二）匀变速直线运动中的平均速度

1. 提问：下图是匀变速直线运动的速度图象。

已知初速度为 v_0，末速度为 v_t，经历时间为 t，如果用某一匀速直线运动代替，使其在时间 t 内的位移与之相等，试在图中画出该匀速运动的速度图象，进而用 v_0 和 v_t 表示这一速度。

答案：$v = (v_0 + v_t) / 2$

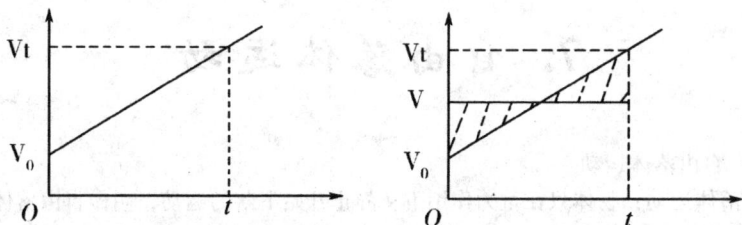

2. 上面的速度 v 就是匀变速直线运动中的平均速度，必须注意，它只适用于匀变速直线运动，用 $\bar{v}$ 表示平均速度，则 $\bar{v} = (v_0 + v_t) / 2$。

（三）匀变速直线运动的位移

1. 由 $s = \bar{v} t$，$v - = (v_0 + v_t) / 2$，$v_t = v_0 + at$ 推导出匀变速直线运动的位移公式，要求用 v_0、a、t 表示。

2. 结果：$s = v_0 t + (1/2) at^2$

这就是匀变速直线运动的位移公式，它表示出匀变速直线运动的位移与时间 t 的关系。

3. 由匀变速直线运动的速度图象得到位移公式

如图所示，匀变速运动的位移大小为阴影总面积，其中矩形面积 $s_1 = v_0 t$，三角形面积 $s_2 = (1/2) \cdot at \cdot t = (1/2) at^2$，因而总面积 $s = v_0 t + (1/2) at^2$，即匀变速直线运动的位移公式：$s = v_0 t + (1/2) at^2$

高级物理知识

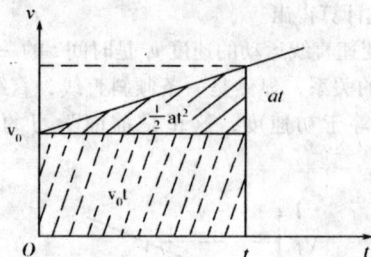

（四）小结

1. 匀变速运动的规律 $\begin{cases} \text{速度公式 } v_t = v_0 + at \\ \text{平均速度 } \bar{v} = (v_0 + v_t)/2 \\ \text{位移公式 } \begin{cases} s = v_0 t + (1/2) at^2 \\ s = v - t \end{cases} \end{cases}$

2. 运用规律解题时的步骤

①审查题意，构建模型；②设定方向，写出条件；③依据公式，文字运算；④代入数据，数字运算；⑤结果分析，完善答案。

7. 自由落体运动

（一）自由落体运动

自由落体运动：物体只在重力作用下从静止开始下落的运动，叫做自由落体运动。

自由落体运动的条件是：

（1）只受重力而不受其他任何力，包括空气阻力。

（2）从静止开始下落

实际上如果空气阻力的作用同重力相比很小，可以忽略不计，物体的下落也可以看做自由落体运动。

（二）自由落体运动是怎样的直线运动呢？

1. 自由落体运动是初速度为零的匀加速直线运动

2. 重锤下落的加速度为 $a = 9.8 \text{m/s}^2$

（三）自由落体加速度

（四）自由落体运动的规律

$\begin{cases} v_t = gt \\ h = (1/2) gt^2 \text{ } g \text{ 取 } 9.8 \text{m/s}^2 \\ vt^2 = 2gh \end{cases}$

46

青少年应该知道的物理知识

第三章　牛顿运动定律

1. 牛顿第一定律

一、牛顿第一定律

实验：在桌上放着一本物理书，它是静止的，怎样才能让它运动起来呢？要用力去推它。从这个例子可以看出物体要运动，需要对它施加力的作用。力是使物体运动的原因吗？

这是一个运动和力的关系问题，这个问题在 2000 多年前人们就对它进行了研究，下面我们来回顾一下历史。

1. 历史的回顾

2000 多年前，古希腊哲学家亚里斯多德根据当时人们对运动和力的关系的认识提出一个观点：必须有力作用在物体上，物体才能运动。

这种观点的提出是很自然的。我们从周围的事情出发，很容易就会得到这个结论，如车不推就不走，门不拉不开等，这种观点统治人们的思想有两千年。

直到 17 世纪，意大利科学家伽利略才指出这种说法是错误的，他分析到：运动的车停下来是由于摩擦力的原因，运动物体减速的原因是摩擦力。伽利略提出了自己的看法，他指出：物体一旦具有某一速度，没有加速和减速的原因，这个速度将保持不变。这里所指的减速的原因就是摩擦力。

为了证实结论的正确，他设计了一个理想实验，下面利用一个跟他的理想实验装置

相似的实验向大家介绍一下伽利略的实验。

实验：有两个斜面，用一个小球放到左边的斜面上，放手后小球从左边斜面上滚下后滚到右边的斜面上，在有摩擦力的情况下，到达右边斜面的高度比左边的释放高度要低。

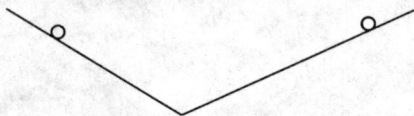

伽利略所设计的实验是这样的：实验装置跟现在的一样，实验时若没有摩擦力，（当然没有摩擦力是不可能的，所以他的实验是想象中的理想实验。）我们看一下小球在这个理想实验中会怎样运动。

把小球放到左边斜面的某一个高度，放手后由于有加速的原因，所以小球会从斜面上滚下，越滚越快；到右边斜面时，由于有减速的原因，小球会越滚越慢。在没有摩擦力的情况下，小球应达到左边的释放高度。

改变右边斜面的倾角，倾角变小，小球要达到同样的高度，要在斜面上走更远的距离，当右边倾角为零时，小球将一直滚下去永远达不到左边的释放高度，这个速度将保持不变。

这个实验虽然是个理想实验，但却是符合科学道理的，没有摩擦的情况是很难实现的，现代技术给我们提供了阻力很小的条件，我们来看一下气垫实验，它的原理是气泵给气垫装置打气，导轨上有许多小孔，滑块与导轨间形成一层空气薄膜，滑动时阻力很小。我们观察一下滑块的运动情况，可以看到滑块的速度基本不变。

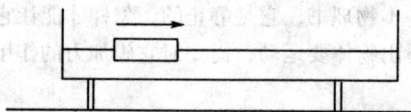

法国科学家笛卡尔补充和完善了伽利略的论点，提出了惯性定律：如果没有其它原因，运动的物体将继续以同一速度沿着一条直线运动，既不会停下来，也不会偏离原来的方向。

伽利略和笛卡尔对物体的运动作了准确的描述，但是没有指明原因是什么，这个原因跟运动的关系是什么。

牛顿总结了前人的经验，指出了加速和减速的原因是什么，并指出了这个原因跟运动的关系，这就是牛顿第一定律。

2. 牛顿第一定律：

一切物体总保持匀速运动状态或静止状态，直到有外力迫使它改变这种状态为止。

从牛顿第一定律可以看出：

（1）物体在不受力时，总保持匀速运动状态或静止状态。

青少年应该知道的物理知识

（2）物体有保持匀速直线运动状态的性质，叫做惯性。在中级已经学过惯性的概念，下面通过实验再来看一下物体具有惯性的例子。

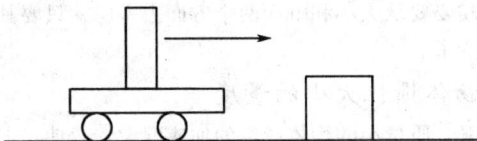

小车起动时，车上的木板向后倒；刹车时，木块向前倒。人在坐汽车时也有同样的感受。

（3）物体运动状态的改变需要外力。

我们所遇到的实际问题中，物体不受力的情况是没有的。物体受平衡力时，或者说合力为零时的情况跟不受力的情况是相同的。

2. 物体运动状态的改变

力不是维持速度的原因，而是改变速度的原因。物体的速度反映了物体的运动状态，所以物体的速度（大小、方向）发生了变化也就是物体的运动状态发生了变化。

（一）力是物体产生加速度的原因

1. 物体运动状态改变时的现象特征

（1）物体运动状态改变时的现象特征

（2）物体的速度不断增大或不断减小

（3）物体的运动方向发生变化

总之，是物体的速度的大小和（或）方向发生了变化。

2. 力是产生加速度的原因

（1）运动状态发生了变化 $\Delta v \neq 0$，这一运动状态的变化须在一定的时间 Δt 内实现，所以由 $a = \dfrac{\Delta v}{\Delta t}$ 可知，运动状态的变化既意味着物体具有加速度。

（2）力是改变物体的运动状态，即使物体产生了加速度。

【注意】物体的加速度不等于速度的变化（运动状态的变化），加速度是对速度变化快慢的描述。

【例1】下列哪些情况中物体的运动状态一定发生了变化（　　）

A. 运动物体的位移大小变化　　　　　B. 运动物体的速度大小变化

C. 运动物体的速度方向变化　　　　　D. 运动物体的位移变化

【解析】物体速度的大小或方向变化是物体运动状态改变的具体体现，匀速直线运动的物体位移大小虽在变化，但运动状态却不一定会变，比如匀速直线运动，若运动物

体位移方向发生了变化，则意味着速度方向发生了变化，本题的正确选项是 B、C、D。

判断物体运动状态是否改变，关键在于判断物体运动的速度是否发生改变。由于速度为矢量，分析的时候要要从大小和方向两个方面去考虑，只要其中有一个变了，速度就变了，运动状态就变了。

（二）质量是物体惯性大小的量度

在相同的力作用下，质量小的物体产生的加速度大，运动状态容易改变，我们说它的惯性小；质量大的物体产生的加速度小，运动状态难改变。我们说它的惯性大。

1. 质量是物体惯性大小的量度，质量越大，惯性越大。

2. 改变物体惯性的方法和作用

【例 2】以下说法正确的是（　　　）

A. 受合外力越大的物体，物体的运动状态改变越快

B. 物体同时受到几个外力作用时，其运动状态可能保持不变

C. 物体运动状态改变时，物体一定受到外力作用

D. 物体运动状态改变时，物体所受的合外力也会随之发生改变

【解析】加速度的大小反映了物体运动状态改变的快慢，大的合外力作用在质量很大的物体上，其加速度不一定大，即其运动状态改变不一定快。物体运动状态是否改变，取决于它的合外力，所以如果合外力为零，物体的运动状态不会改变。物体运动状态改变，意味着物体所受合外力不为零，即物体一定受到外力作用。有些种类的力会随物体运动状态的变化而变化，如物体运动时所受空气阻力就和物体运动速度的大小有关，速度越大，阻力也就越大。正确选项为 B、C。

物体运动状态改变的难易程度与物体所受合外力及物体的质量有关。同一物体，受不同的合外力作用，产生的加速度越大，则物体运动状态改变得越慢；相同的合外力作用于质量不同的物体，质量小的物体产生的加速度大，运动状态容易改变，质量大的物体产生的加速度小，运动状态不容易改变，力是使物体运动状态改变的外因，而质量是使物体运动状态发生改变的内因。

【小结】力使物体产生加速度，惯性大小由质量量度。

3. 牛顿第二定律

1. 加速度和力的关系：

结论：对质量相同的物体，物体的加速度跟作用在物体上的力成正比，即：

$$\frac{a_1}{a_2} = \frac{F_1}{F_2} \text{或} \, a \subset F$$

2. 加速度和质量的关系：

结论：

在相同的力作用下，物体的加速度跟物体的质量成反比，即

$$a_1/a_2 = m_2/m_1 \text{ 或 } a \propto \frac{1}{m}$$

3. 牛顿第二运动定律

（1）综合上述实验中得到的两个关系，得到下述结论：

物体的加速度跟作用力成正比，跟物体的质量成反比，且加速度的方向跟引起这个加速度的力的方向相同。

（2）公式表示：

$$a \propto \frac{F}{m} \text{ 或者 } F \propto ma$$

即：$F = kma$

a：如果每个物理量都采用国际单位，$k = 1$；

b：力的单位（牛顿）的定义：使质量为 1 千克的物体产生 $1m/s^2$ 的加速度的力叫做 1 牛顿。

（3）推广：上面我们研究的是物体受到一个力作用的情况，当物体受到几个力作用时，上述关系可推广为：

物体的加速度跟所受的合力成正比，跟物体的质量成反比，加速度的放心跟合力的方向相同。即 $F_合 = ma$。

（4）介绍 $F_合$ 和 a 的瞬时对应关系

a：只有物体受到力的作用，物体才具有加速度。

b：力恒定不变，加速度也恒定不变。

c：力随着时间改变，加速度也随着时间改变。

d：力停止作用，加速度也随即消失。

4. 例题分析（课本例题）

牛顿第二定律
- 定律的实验条件（控制变量法）
  - 1. m 一定时，$a \propto F$
  - 2. F 一定时，$a \propto \frac{1}{m}$
  - 3. 把 $F \propto ma$ 改写成，在 F，m，a 取国际单位的条件下 $k = 1$
- 内容：物体运动的加速度与合外力成正比，与质量成反比，且加速度与外力方向相同
- 物理意义：
  - $F_合$ 和 a 的方向关系
  - 单位关系：$1N = 1kg·m/s^2$
  - 瞬时对应关系
  - 因果对应关系

4. 牛顿第三定律

1. 物体间力的作用是相互的

实验1. 在桌面上放两辆相同的小车，两车用细线套在一起，两车间夹一弹簧片. 当用火烧断线后，两车被弹开，所走的距离相等。

实验2. 在桌面上并排放上一些圆杆，可用静电中的玻璃棒。在棒上铺一块三合板，板上放一辆遥控电动玩具小车。用遥控器控制小车向前运动时，板向后运动；当车向后运动时板向前运动。

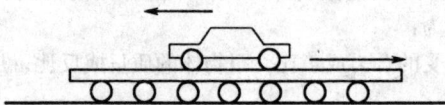

实验3. 用细线拴两个通草球，当两个通草球带同种电荷时，相互推斥而远离；当带异种电荷时，相互吸引而靠近。

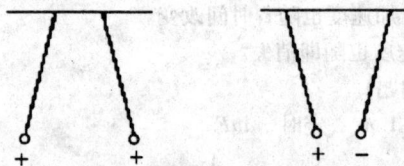

实验4. 在两辆小车上各固定一根条形磁铁，当磁铁的同名磁极靠近时，放手小车两车被推开；当异名磁极接近时，两辆小车被吸拢。

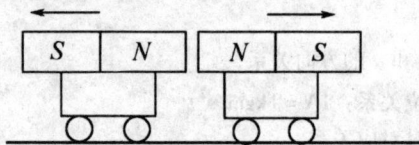

实验5. 把两辆能站人的小车放在地面上，小车上各站一个学生，每个学生拿着绳子的一端。当一个学生用力拉绳时，两辆小车同时向中间移动。

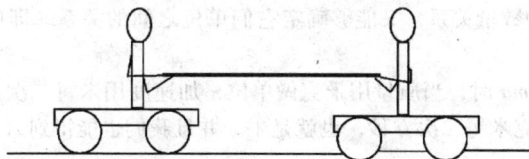

实验分析：

①相互性：两个物体间力的作用是相互的。施力物体和受力物体对两个力来说是互换的，分别把这两个力叫做作用力和反作用力。

②同时性：作用力消失，反作用力立即消失。没有作用就没有反作用。

③同一性：作用力和反作用力的性质是相同的。这一点从几个实验中可以看出，当作用力是弹力时，反作用力也是弹力；作用力是摩擦力，反作用力也是摩擦力等等。

④方向：作用力跟反作用力的方向是相反的，在一条直线上。

实验6. 用两个弹簧秤对拉，观察两个弹簧秤间的作用力和反作用力的数量关系可以得到以下结论。

⑤大小：作用力和反作用力的大小在数值上是相等的。

由此得出结论：

2. 牛顿第三定律：两个物体之间的作用力和反作用力总是大小相等，方向相反，作用在一条直线上。

3. 作用力、反作用力跟平衡力的区别

作用力与反作用力	一对平衡力
作用在两个物体上	作用在同一个物体上
具有同种性质	不一定具有同种性质
具有同时性	不一定具有同时性
不能求合力（不能抵消）	能求合力（能抵消）

5. 力学单位制

1. 基本单位和导出单位：

（1）举例：

a：对于公式 $v = \dfrac{s}{t}$，如果位移 s 的单位用米，时间 t 的单位用秒；我们既可用公式

得到 v、s、t 之间的数量关系，又能够确定它们单位之间的关系，即可得到速度的单位是米每秒。

b：用公式 $F = ma$ 时，当质量用千克做单位，加速度用米每二次方秒做单位，求出的力的单位就是千克米每二次方秒，也就是牛，并且我们也能得到力、质量、加速度之间的数量关系。

（2）总结推广：

物理公式在确定物理量的数量的同时，也确定了物理量的单位关系。

（3）基本单位和导出单位：

a：在物理学中，我们选定几个物理量的单位作为基本单位；

b：据物理公式中这个物理量和其他物理量之间的关系，推导出其他物理量的单位，叫导出单位；

c：举例说明：

1）我们选定位移的单位米，时间的单位秒，就可以利用 $v = \dfrac{s}{t}$ 推导得到速度的单位米每秒。

2）再结合公式 $a = \dfrac{V_t - V_0}{t}$，就可以推导出加速度的单位：米每二次方秒。

3）如果再选定质量的单位千克，利用公式 $F = ma$ 就可以推导出力的单位是牛。

（4）基本单位和到单位一起构成了单位制。

（5）学生阅读课文，归纳得到力学中的三个基本单位。

a：长度的单位——米；

b：时间的单位——秒；

c：质量的单位——千克。

五、力学单位制

$$\text{单位制}\begin{cases}\text{基本单位}\begin{cases}\text{（1）选定的几个物理量的单位}\\\text{（2）力学中的基本单位：长度，质量；时间}\end{cases}\\\text{导出单位}\begin{cases}\text{（1）由基本单位和物理公式推导出来的物理量的单位}\\\text{（2）在计算时，一般用国际单位制，计算中不必一一写出各}\\\qquad\text{量的单位。}\end{cases}\end{cases}$$

6. 牛顿运动定律的应用

1. 基本思路

牛顿第二定律反映的是，加速度、质量、合外力的关系，而加速度可以看成是运动的特征量，所以说加速度是连接力和运动的纽带和桥梁，是解决动力学问题的关键。

求解两类问题的思路，可用下面的框图来表示：

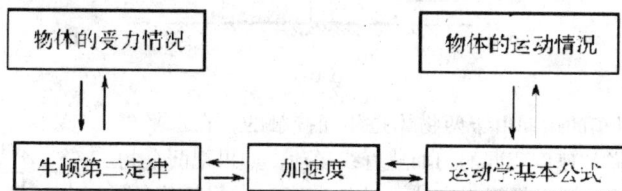

2. 一般步骤：
（1）确定研究对象
（2）受力及状态分析
（3）取正方向
（4）统一单位，代入求解
（5）检验结果

【例1】质量为100t的机车从停车场出发，经225m后，速度达到54km/h，此时，司机关闭发动机，让机车进站，机车又行驶125m才停在车站上。设阻力不变，求机车关闭发动机前所受的牵引力。

【解析】机车的运动经历加速和减速两个阶段，因为加速阶段的初末速度和加速位移已知，即可求得这一阶的加速度 a_1，应用牛顿第二定律可得这一阶段机车所受的合力，紧接着的减速运动阶段的初末速度和减速位移也已知，因而又可由运动学公式求得该阶段的加速度 a_2，进而由牛顿第二定律求得阻力，再由第一阶段求得的合力得到机车牵引力的大小。

加速阶段 $v_0 = 0$，$v_t = 54km/h = 15m/s$，$s_1 = 225m$

所以 $a = \dfrac{v_1^2}{2s_1} = \dfrac{15^2}{2 \times 225} m/s^2 = 0.5m/s^2$

由牛顿第二定律得

$F - f = ma_1 = 10^5 \times 0.5N = 5 \times 10^4 N$

减速阶段 $v_0 = 54km/h = 15m/s$，$s_2 = 125m$，$v_t = 0$

所以减速运动加速度的大小 a_2 为

$a = \dfrac{v_2^0}{2s_2} = \dfrac{15^2}{2 \times 125} m/s = 0.9m/s^2$

得阻力大小为 $f = ma_2 = 10^5 \times 0.9N = 9 \times 10^4 N$

因而 $F = f + ma_1 = (9 \times 10^4 + 5 \times 10^4)N = 1.4 \times 10^5 N$

【例2】在水平地面上有两个彼此接触的物体A和B，它们的质量分别为 m_1 和 m_2，与地面间的动摩擦因数均为 μ，若用水平推力 F 作用于 A 物体，使 A、B 一起些前运动，如图3-6-1所示求两物体间的相互作用为多大？若将 F 作用于 B 物体，则 A、B 间的相互作用多大？

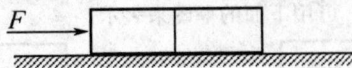

3-6-1

【解析】机车的运动由于两物体是相互接触的，在水平推力 F 的作用下做加速度相同的匀加速直线运动，如果把两个物体作为一个整体，用牛顿第二定律去求加速度 a 是很简便的。题目中要求 A、B 间的相互作用，因此必须采用隔离法，对 A 或 B 进行分析，再用牛顿第二就可以求出两物体间的作用力。

解法一：设 F 作用于 A 时，A、B 的加速度为 a_1。A、B 间相互作用力为 F_1。以为研究对象，受力分析如图 $3-6-2$ 所示，由牛顿第二定律得

水平方向 $F - F_1 - F_{1阻} = m_1 a_1$

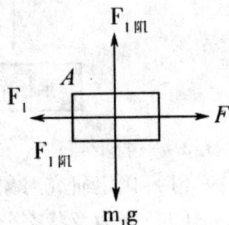

3-6-2

竖直方向 $F_{1弹} = m_1 g$

又 $F_{1阻} = \mu F_{1弹}$

再以 B 为研究对象，它受力如图 $3-6-3$ 所示，由牛顿第二定律有

水平方向 $F_1 - F_{2阻} = m_2 a_1$

竖直方向 $F_{2弹} = m^2 g$

又 $F_{2阻} = \mu F_{2弹}$

联立以上六式可得 A、B 间相互作用力为

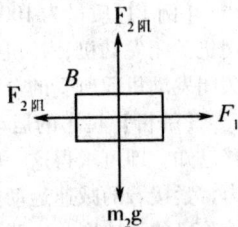

3-6-3

$$F_1 = \frac{m_2 F}{m_1 + m_2}$$

当 F 作用 B 时，应用同样的方法可求 A、B 时间相互作用力 F_2 为

$$F_2 = \frac{m_1 F}{m_1 + m_2}$$

解法二：以 A、B 为研究对象，其受力如图 $3-6-4$ 所示，由牛顿第二定律得

$$F - \mu (m_1 + m_2) g = (m_1 + m_2) a$$

所以 $a = \dfrac{F}{m_1 + m_2} - \mu g$

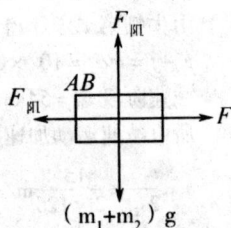

3-6-4

再以 B 为研究对象，其受力如图 $3-6-3$ 所示，由牛顿第二定律可得

$$F_1 - F_{2阻} = m_2 a$$

则 A、B 间相互作用力 F_1 为：

$$F_1 = \frac{m_2 F}{m_1 + m_2}$$

当 F 作用 B 时，应用同样的方法可求 A、B 间的相互作用力 F_2 为：

$$F_2 = \frac{m_1 F}{m_1 + m_2}$$

【小结】牛顿运动定律的应用是力学的重点之一，已知运动情况求力或已知力分析运动情况都是以加速度这一物理量作为"桥梁"来解决问题。

7. 超重和失重

1. 超重现象

实验：介绍装置，架子上有两个滑轮，两边挂有重物。我们取左边的重物加以研究，重物静止时，弹簧秤的示数大小等于物体所受的重力，物体对弹簧秤的拉力等于物体所受的重力。放手后物体做向上的加速运动，我们再观察弹簧秤示数的变化。

弹簧秤的示数增大，物体对绳的拉力增大。

当物体存在向上的加速度时，它对支持物的压力（或对悬挂物的拉力）大于物重的现象叫做超重现象。

发生超重现象时，物重并没有变化。

2. 失重现象

实验：重物静止时，弹簧秤的示数大小等于物体所受的重力，物体对弹簧秤的拉力等于物体所受的重力。放手后物体做向下的加速运动，我们再观察弹簧秤示数的变化。

提问：看到了什么现象？弹簧秤的示数减少，物体对支持物的拉力减小。

学生实验：观察感受失重现象。弹簧秤下挂一重物，物体静止时，弹簧秤的示数等于物体所受的重力。当物体向下做加速运动时，弹簧秤的示数小于物体所受的重力。（注意对减速时的示数增大的解释。）

取物体为研究对象，$G - T = ma$，弹簧秤的拉力为 $T = mg - ma$ $= m(g - a)$

失重：当物体存在向下的加速度时，它对支持物的压力（或拉力）小于物重的现象，叫做失重。当 $a = g$ 时，$T = 0$，叫做完全失重。

发生失重时，物重并没有变化。

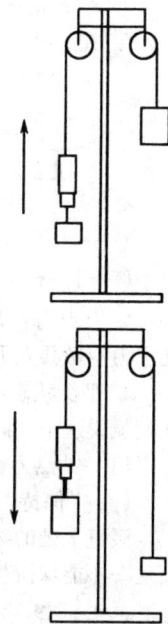

第四章　物体的平衡

1. 共点力作用下物体的平衡

（一）平衡状态

1. 共点力：几个力如果作用在物体的同一点，或者它们的作用线相交于一点，这几个力叫做共点力。

2. 平衡状态：一个问题在共点力的作用下，如果保持静止或者做匀速直线运动，我们就说这个外同处于平衡状态。

（1）共点力作用下物体平衡状态的运动学特征：加速度为零。

（2）"保持"某状态与"瞬时"某状态有区别：

竖直上抛的物体运动到最该点时，这一瞬间的速度为零。但这一状态不能保持，因而这一不能保持静止状态不属于平衡状态。

（二）共点力作用下物体的平衡条件

1. 平衡条件：使物体处于平衡状态必须满足的条件

2. 平衡条件的理论推导

物体处于平衡状态→物体的运动状态不变→加速度为零→根据牛顿第二定律 $F = ma$ 有物体所受的合外力 $F_合 = 0$ 反之亦然。

3. 共点力作用下的物体平衡条件：在共点力作用下物体的平衡条件：

在共点力作用下物体的平衡条件是合力为零 $F_合 = 0$

（1）力的平衡：作用在物体上的几个力的合力为零，这种情形叫做力的平衡。

（2）$F_合 = 0$ 则在任一方向上物体所受合力也为零。将物体所受的共点力正交分解，则平衡条件可表示为下列方程组：$F_x = 0$，$F_y = 0$。

（3）特例：

①物体受两个共点力作用：若两个力组成平衡力，$F_合 = 0$，则物体处于平衡状态。

②物体受三个共点力作用：若任两个力的合力与第三力组成平衡力，$F_合 = 0$，则物体处于平衡状态。

4. 平衡条件的实验验证

（1）用一个弹簧秤和钩码演示验证两力平衡的条件

（2）用两个弹簧秤和一个钩码演示验证三力平衡的条件。

2. 共点力平衡条件的应用

1. 共点力作用下物体的平衡条件的应用举例：

（1）例题 1：

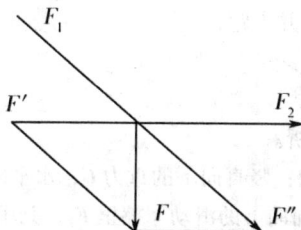

如图所示：细线的一端固定于 A 点，线的中点挂一质量为 m 的物体，另一端 B 用手拉住，当 AO 与竖直方向成 θ 角，OB 沿水平方向时，AO 及 BO 对 O 点的拉力分别是多大？

（2）解析：

先以物体 m 为研究对象，它受到两个力，即重力和悬线的拉力，因为物体处于平衡状态，所以悬线中的拉力大小为 $F = mg$。

再取 O 点为研究对像，该点受三个力的作用，即 AO 对 O 点的拉力 F_1，BO 对 O 点的拉力 F_2，悬线对 O 点的拉力 F，如图所示：

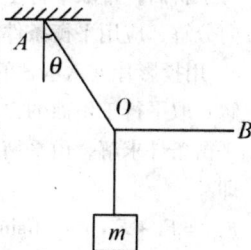

a：用力的分解法求解：

将 $F = mg$ 沿 F_1 和 F_2 的反方向分解，得到

$F' = mgtg\theta$；$F'' = mg/\cos\theta$，

得到

$F_1 = mg/\cos\theta$；$F_2 = mgtag\theta$

b：用正交分解合成法求解

建立平面直角坐标系

由 $F_{x合} = 0$；及 $F_{y合} = 0$ 得到：

$$\begin{cases} F_1\cos\theta - mg = 0 \\ F_1\sin\theta = F_2 \end{cases}$$

解得：$F_1 = mg/\cos\theta$；$F_2 = mg\tan\theta$

2：结合例题总结求解共点力作用下平衡问题的解题步骤：

（1）确定研究对象

（2）对研究对象进行受力分析，并画受力图；

（3）据物体的受力和已知条件，采用力的合成、分解、图解、正交分解法，确定解题方法；

（4）解方程，进行讨论和计算。

3：讲解有关斜面问题的处理方法：

（1）学生阅读课本例2，并审题；

（2）分析本题；

a：定物体 A 为研究对于；

b：对物体 A 进行受力分析。

物体 A 共受四个力的作用：竖直向下的重力 G，水平向右的力 F_1，垂直于斜面斜向上方的支持力 F_2，平行于斜面向上的滑动摩擦里 F_3，其中 G 和 F_1 是已知的，由滑动摩擦定律 $F_3 = uF_2$ 可知，求得 F_2 和 F_3，就可以求出 u。

c：画出物体的受力图：

d：本题采用正交分解法：

对于斜面，常取平行于斜面的方向为 x 轴，垂直于斜面的方向为 y 轴，将力沿这两个方向分解，应用平衡条件求解：

e：用投影片展示本题的解题过程：

解：取平行于斜面的方向为 x 轴，垂直于斜面的方向为 y 轴，分别在这两个方向上应用平衡条件求解，由平衡条件可知，在这两个方向深的合力 Fx 合和 Fy 合应分别等于零，即

$F_{x合} = F_3 + F_1\cos\theta - G\sin\theta = 0$

$F_{y合} = F_2 - F_1\sin\theta - G\cos\theta = 0$

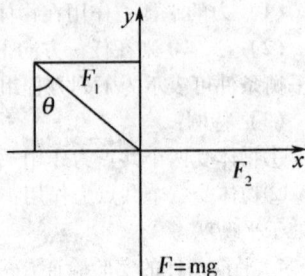

青少年应该知道的物理知识

$$\text{共点力平衡条件的应用}\begin{cases}\text{常用的方法}\begin{cases}\text{力的合成法}\\\text{力的分解法}\quad\text{正交分解法}\begin{cases}F_{x合}=0\\F_{y合}=0\end{cases}\\\text{相似三角形法}\end{cases}\\\text{解题的一般步骤}\begin{cases}\text{确定研究对象(物体或结点)}\\\text{对研究对象进行受力分析,并画出受力示意图}\\\text{分析研究对象是否处于平衡状态运用平衡条件,选择适当}\\\text{方法,列出平衡方程求解}\end{cases}\end{cases}$$

3. 有固定转动轴的物体的平衡

1：转动平衡

（1）举例：生活中，我们常见到有许多物体在力的作用下转动；例如：门、砂轮、电唱机的唱盘，电动机的转子等；

（2）引导学生分析上述转动物体的共同特点，即上述物体转动之后，物体上的各点都沿圆周运动，但所有各点做圆周运动的中心在同一直线上，这条直线就叫转动轴。

（3）介绍什么是转动平衡。

一个有固定转动轴的物体，在力的作用下，如果保持静止，我们就说这个物体处于转动平衡状态。

（4）课堂讨论：举几个物体处于转动平衡状态的实例。

2：力矩：

a：推门时，如果在离转轴不远的地方推，用比较大的力才能把门推开；在离转动轴较远的地方推门，用比较小的力就能把门推开。

b：用手直接拧螺帽，不能把它拧紧；用扳手来拧，就容易拧紧了。

（3）总结得到：力越大，力和转动轴之间的距离越大，力的转动作用就越大。

（4）力臂：

a：力和转动轴之间的距离，即从转动轴到力的作用线的距离，叫做力臂。

b：力臂的找法：

一轴：即先找到转动轴；

二线：找到力的作用线；

三垂直：即从转轴向力的作用线做垂线，则转轴和垂足之间的举例就是该力的力臂。

（5）力矩：

a：定义：力 F 与其力臂 L 的乘积叫做力对转动轴的力矩。用字母 M 表示。

b：共识：$M = FL$。

c：单位：牛·米（N·m）

c：力矩的平衡条件：

有固定转动轴物体的平衡条件是力矩的代数和等于零。

即 $M_1 + m_2 + M_3 + \cdots\cdots = 0$。

或者：$M_合 = 0$

（4）说明什么是力矩的平衡：作用在物体上几个力的合力矩为零时的情形叫力矩的平衡。

$$
\text{有固定转动轴} \atop \text{物体的平衡} \left\{ \begin{array}{l} \text{平衡状态：有固定转动轴的物体，有力的作用下处于静止状态或匀速转动状态} \\[2mm] \text{力矩：} \left\{ \begin{array}{l} \text{大小：力矩} = \text{力} \times \text{该力的力臂} \\ \text{公式：单位：牛米（}Nm\text{）} \\ \text{作用效果：改变物体的转动状态} \end{array} \right. \\[2mm] \text{平衡条件 } M_顺 = M_逆 \\[2mm] M_合 = 0 \text{（常以逆时针方向的力矩为例子。顺时针方向的力矩为负）} \end{array} \right.
$$

第五章　曲线运动

1. 运动的合成和分解

1. 曲线运动中速度的方向

因为曲线运动中速度方向连续发生变化，我们很难直观物体在某时刻的速度方向。

可以设想如果某时刻的速度方向不再发生变化，物体将沿该时刻的速度方向做匀速直线运动。然后联系实际引导学生想象几种现象。

（1）绳拉小球在光滑的水平面上做圆周运动，当绳断后小球将沿什么方向运动？（沿切线方向飞出）然后引导学生分析原因：绳断后小球速度方向不再发生变化，由于惯性，从即刻起小球做匀速直线运动，沿切线飞出。

（2）砂轮磨刀使火星沿切线飞出，引导学生分析原因：被磨掉的炽热微粒速度方向不再改变，由于惯性以分离时的速度方向做匀速直线运动。又如，让撑开的带有雨滴的雨伞旋转，雨滴沿伞边切线方向飞出。

（3）在想象与分析的基础上，引导学生概括总结得出：曲线运动中，速度方向是时刻改变的，在某时刻的瞬时速度方向在曲线的这一点的切线方向上。并引导学生注意到：曲线运动中速度的大小和方向可能同时变化，但速度的方向是一定改变的，速度是矢量，方向一定变，速度就一定变，所以曲线运动一定是变速运动。

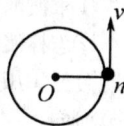

2. 曲线运动的条件

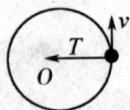

曲线运动是变速运动，由牛顿第二定律分析可知，速度的变化一定产生加速度，

而加速度必然由外力引起，加速度与合外力成正比并且方向相同。随后提出问题，引导学生思考。

（1）如果合外力与速度在同一直线上，物体将做什么样的运动？（变速直线运动）

（2）绳拉小球在光滑水平面上做速度大小不变的圆周运动，绳子的拉力 T 起什么作用？（改变速度方向）

（3）演示实验（用投影仪或计算机软件）：让小铁球从斜槽上滚下，小球将沿直线 OO' 运动。然后在垂直 OO' 的方向上放条形磁铁，使小球再从斜槽上滚下，小球将偏离原方向做曲线运动。又例如让小球从桌面上滚下，离开桌面后做曲线运动。

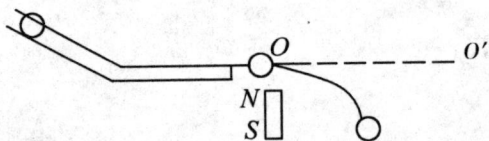

（4）观察实验后引导学生概括总结如下：

①平行速度的力改变速度大小；

②垂直速度的力改变速度的方向；

③不平行也不垂直速度的外力，同时改变速度的大

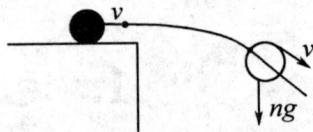

小和方向；

④引导学生得出曲线运动的条件：合外力与速度不在同一直线上时，物体做曲线运动。

3. 运动的合成和分解

物体的运动往往是复杂的，对于复杂的运动，常常可以把它们看成几个简单的运动组成的，通过研究简单的运动达到研究复杂运动的目的。

例：河宽 H，船速为 v 船，水流速度为 v 水，船速 v 船与河岸的夹角为 θ，如图 9 所示。

①求渡河所用的时间，并讨论 θ = ？时渡河时间最短。

②怎样渡河，船的合位移最小？

分析①用船在静水中的分运动讨论渡河时间比较方便，根据运动的独立性，渡河时间

$$t = \frac{S_{船}}{V_{船}}$$ 将 $S_{船} = \frac{H}{\sin\theta}$（如图 10 所示）代入得

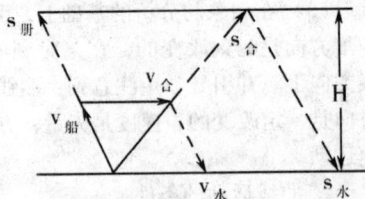

$$t = \frac{H}{\sin\theta V_{船}}$$ 分析可知 θ = 90 时，即船头垂直对

岸行驶时渡河时间最短。分析②当 $v_{船} > v_{水}$ 时，

青少年应该知道的物理知识

图 10

$v_合$ 垂直河岸，合位移最短等于河宽 H，根据速度三角形可知船速方向应满足 $\cos\theta = \dfrac{V_水}{V_船}$，$\theta$ 为 $V_船$ 与河岸的夹角。当 $V_船 < V_水$ 时，分析可知船速 $V_船$ 方向应满足 $\cos\theta = \dfrac{V_船}{V_水}$，$\theta$ 为船速方向与河岸的夹角。

（三）小结

1. 曲线运动的条件是 $F_合$ 与 v 不在同一直线上，曲线运动的速度方向为曲线的切线方向。

2. 复杂运动可以分解成简单的运动分别来研究，由分运动求合运动叫运动的合成，反之叫运动的分解，运动的合成与分解，遵守平行四边形定

3. 用曲线运动的条件及运动的合成与分解知识可以判断合运动的性质及合运动轨迹。

2. 平抛物体的运动

1. 形成平抛运动的条件：

（1）物体具有水平方向的初速度；

（2）运动过程中物体只受重力。

2. 平抛运动的分解

（1）平抛运动的竖直分运动是自由落体运动

演示：平抛的小球与自由下落的小球同时落地。

在高度一定的条件下，先后使平抛小球以大小不同的水平速度抛出（小锤打击的力度不同），学生观察得出结论：在高度一定的条件下，平抛初速度大小不同，但运动时间相同。

推理：平抛运动的时间与初速度大小无关，说明平抛运动的竖直分运动是自由落体运动。

（2）平抛运动的水平分运动是匀速直线运动

演示：在平抛竖落演示器的两个斜槽上的电磁铁 J_1 和 J_2 上各吸住一个小钢球 A 和 B，切断电源后，A 离开水平末端后做平抛运动，B 进入水平轨道后匀速运动，观察得

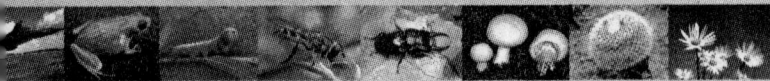

知：A 和 B 同时到达演示器右下方向小杯中。

分析推理：由于两球运动时间较短，空气阻力和轨道对 B 球的摩擦阻力可不计，B 球的运动可视为匀速直线运动，A、B 从释放到斜槽末端水平部分的高度差相同，故 A 球抛出时的水平初速度与 B 球沿水平轨道运动的速度相同，再由 A、B 运动时间相同。

推知：平抛运动的水平分运动是匀速直线运动。

平抛运动可以分解为沿水平方向的匀速直线运动和沿竖直方向的自由落体运动。

3. 平抛运动的规律

就是：水平方向的匀速直线运动和竖直方向的自由落体运动合成就是平抛运动。

（1）平抛运动的位移公式

明确：以抛出点为坐标原点，沿初速度方向为 x 轴正方向，竖直向下为 y 轴正方向。

从抛出时开始计时，t 时刻质点的位置为 $P(x, y)$，如图 1 所示。

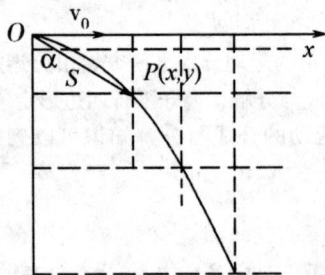

图 1

由于从抛出点开始计时，所以 t 时刻质点的坐标恰好等于时间 t 内质点的水平位移和竖直位移，因此（1）（2）两式是平抛运动的位移公式。

①由（1）（2）两式可在 xOy 平面内描出任一时刻质点的位置，从而得到质点做平抛运动的轨迹。

②求时间 t 内质点的位移——t 时刻质点相对于抛出点的位移的大小

$$s = \overline{OP} = \sqrt{x^2 + y^2} = \sqrt{(v_0 t)^2 + \left(\frac{1}{2} g t^2\right)^2}$$

位移的方向可用 s 与 x 轴正方向的夹角 α 表示，α 满足下述关系

$$\tan\alpha = \frac{y}{x} = \frac{gt}{2v_0}$$

③由（1）（2）两式消去 t，可得轨迹方程

$$y = \frac{g}{2v_0^2}x^2$$

上式为抛物线方程，"抛物线"的名称就是从物理来的。

（2）平抛运动的速度公式

t 时刻质点的速度 v_t 是由水平速度 v_x 和竖直速度 v_y 合成的。如图 2 所示。

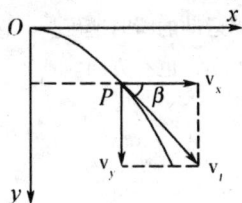

图 2

$$v_x = v_0 \qquad\qquad (3)$$

$$v_y = gt \qquad\qquad (4)$$

v_t 的大小 $v_t = \sqrt{v_x^2 + v_y^2} = \sqrt{v_0^2 + (gt)^2}$

$v1$ 的方向可用 vt 与 x 轴正方向的夹角 β 来表示，β 满足下述关系。

$$\tan\beta = \frac{v_y}{v_x} = \frac{gt}{v_0}$$

小结

1. 具有水平速度的物体，只受重力作用时，形成平抛运动。

2. 平抛运动可分解为水平匀速运动和自由落体运动。平抛位移等于水平位移和竖直位移的矢量和；平抛瞬时速度等于水平速度和竖直速度的矢量和。

3. 平抛运动是一种匀变速曲线运动。

4. 如果物体受到恒定合外力作用，并且合外力跟初速度垂直，形成类似平抛的匀变速曲线运动，只需把公式中的 g 换成 a，其中 $a = F_合/m$。

3. 匀速圆周运动

1. 匀速圆周运动

（1）定义：质点沿圆周运动，如果在相等的时间里通过的圆弧长度相同——这种运动就叫匀速圆周运动。

（2）举例：一个电风扇转动时，其上各点所做的运动，地球和各个行星绕太阳的运动，都认为是匀速圆周运动。

2. 描述匀速圆周运动快慢的物理量

（1）线速度

a：分析：物体在做匀速圆周运动时，运动的时间 t 增大几倍，通过的弧长也增大

几倍，所以对于某一匀速圆周运动而言，s 与 t 的比值越大，物体运动得越快。

b：线速度

1）线速度是物体做匀速圆周运动的瞬时速度。

2）线速度是矢量，它既有大小，也有方向。

3）线速度的大小 $v = \dfrac{s}{t}$

$v \xrightarrow{\text{表示}}$ 线速度 $\xrightarrow{\text{单位}}$ m/s

$s \longrightarrow$ 弧长 $\longrightarrow$ m

$t \longrightarrow$ 时间 $\longrightarrow$ s

4）线速度的方向 $\longrightarrow$ 在圆周各点的切线方向上

5）讨论：匀速圆周运动的线速度是不变的吗？

6）结论：匀速圆周运动是一种非匀速运动，因为线速度的方向在时刻改变。

（2）角速度

1）角速度是表示_____的物理量

2）角速度等于 角度 φ 和 时间 T 的比值

3）角速度的单位是rad/s

（3）线速度、角速度、周期之间的关系

$$\left.\begin{array}{l} v = \dfrac{2\pi r}{t} \\[2mm] w = \dfrac{2\pi r}{T} \end{array}\right\} \Rightarrow v = wr$$

d：讨论 $v = \omega r$

1）当 v 一定时，ω 与 r 成反比

2）当 ω 一定时及 v 与 r 成正比

3）当 r 一定时，v 与 ω 成正比

（三）实例分析（用投影片出示）

例1 分析下图中，A、B 两点的线速度有什么关系？

分析得到：主动轮通过皮带、链条、齿轮等带动从动轮的过程中，皮带（链条）上各点以及两轮边缘上各点的线速度大小相等。

例2 分析下列情况下，轮上各点的角速度有什么关系？

分析得到：同一轮上各点的角速度相同。

匀速圆周运动

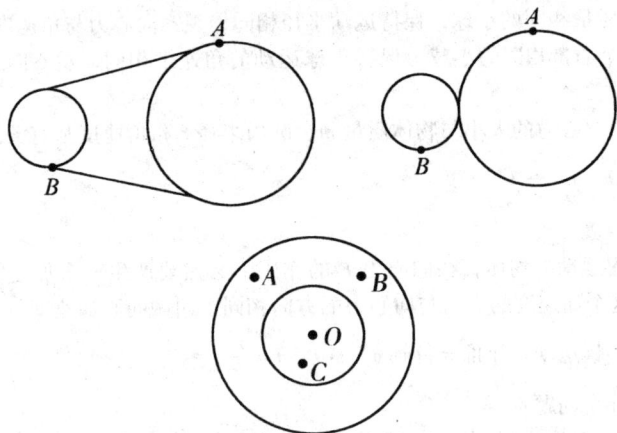

1. 定义 $\begin{cases} a & \text{物体在圆周上运动} \\ b & \text{在相等的时间通过相等的弧长} \end{cases}$

2. 描述快慢的物理量

(1) 线速度：a: $v = \dfrac{s}{t}$；b: 矢量；c: 单位：m/s

(2) 角速度 a: $w = \dfrac{\varnothing}{t}$；$b$: 单位

(3) 周期 T

(4) 频率 f

3. 关系：$v = \dfrac{2\pi r}{T}$；$v = \omega r$；

$\omega = \dfrac{2\pi}{T}$；$T = \dfrac{1}{f}$

4. 向心力向心加速度

1. 向心力的概念及其方向

a：做匀速圆周运动的物体受到一个指向圆心的合力的作用，这个力叫向心力。

b：向心力指向圆心，方向不断变化。

c：向心力的作用效果——只改变运动物体的速度方向，不改变速度大小。

2. 向心力的大小

a：用质量不同的钢球和铝球，使他们运动的半径 r 和角速度 ω 相同→观察得到：向心力的大小与质量有关，质量越大，向心力也越大。

b：用两个质量相同的小球，保持运动半径相同，观察向心力与角速度之间的关系。

c：仍用两个质量相同的小球，保持小球运动的角速度相同，观察向心力的大小与运动半径之间的关系。

总结得到：向心力的大小与物体质量 m、圆周半径 r 和角速度都有关系，且给出公式：$F = mr\omega^2$　$F = m\dfrac{v^2}{r}$

3. 向心加速度

（1）做圆周运动的物体，在向心力 F 的作用下必然要产生一个加速度，据牛顿运动定律得到：这个加速度的方向与向心力的方向相同，叫做向心加速度。

（2）结合牛顿运动定律推导得到 $a = \omega^2 r$　$a = \dfrac{v^2}{r}$

4. 说明的几个问题：

（1）由于 $a_{向}$ 的方向时刻在变，所以匀速圆周运动是瞬时加速度的方向不断改变的变加速运动。

（2）做匀速圆周运动的物体，向心力是一个效果力，方向总指向圆心，是一个变力。

（3）做匀速圆周运动的物体受到的合外力就是向心力。

三、巩固训练

1：向心加速度只改变速度的_____，而不改变速度的_____。

2. 一个做匀速圆周运动的物体，当它的转速度为原来的 2 倍时，它的线速度、向心力分别变为原来的几倍？如果线速度不变，当角速度变为原来的 2 倍时，它的轨道半径和所受的向心力分别变为原来的几倍。

3.（1）用 CAI 课件展示思考与讨论中的物理情景

（2）分析木块受几个力的作用？各是什么性质的力？

（3）木块所受的向心力是由什么提供的？

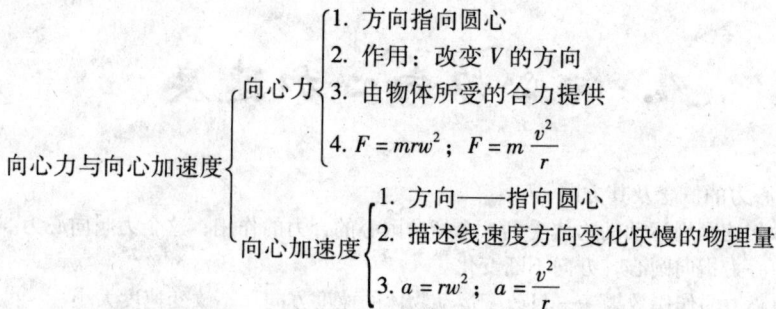

向心力与向心加速度
{
向心力
{
1. 方向指向圆心
2. 作用：改变 V 的方向
3. 由物体所受的合力提供
4. $F = mrw^2$；$F = m\dfrac{v^2}{r}$
}
向心加速度
{
1. 方向——指向圆心
2. 描述线速度方向变化快慢的物理量
3. $a = rw^2$；$a = \dfrac{v^2}{r}$
}
}

青少年应该知道的物理知识

5. 匀速圆周运动的实例分析

（一）关于向心力的来源

1. 向心力是按效果命名的力；

2. 任何一个力或几个力的合力只要它的作用效果是使物体产生向心加速度，它就是物体所受的向心力；

3. 不能认为做匀速圆周运动的物体除了受到物体的作用力以外，还要另外受到向心力作用。

（二）运用向心力公式解题的步骤

1. 明确研究对象，确定它在哪个平面内做圆周运动，找到圆心和半径。

2. 确定研究对象在某个位置所处的状态，进行具体的受力分析，分析哪些力提供了向心力。

3. 建立以向心方向为正方向的坐标，找出向心方向的合外力，根据向心力公式列方程。

4. 解方程，对结果进行必要的讨论。

（三）实例1：火车转弯

火车在平直轨道上匀速行驶时，所受的合力等于零。当火车转弯时，它在水平方向做圆周运动。是什么力提供火车做圆周运动所需的向心力呢？

1. 分析内外轨等高时向心力的来源（运用模型说明）

（1）此时火车车轮受三个力：重力、支持力、外轨对轮缘的弹力。

（2）外轨对轮缘的弹力提供向心力。

（3）由于该弹力是由轮缘和外轨的挤压产生的，且由于火车质量很大，故轮缘和外轨间的相互作用力很大，易损害铁轨。

2. 实际弯道处的情况（运用模型说明）

（1）展示实际转弯处→外轨略高于内轨

（2）对火车进行受力分析：火车受铁轨支持力 FN 的方向不再是竖直向上，而是斜向弯道的内侧，同时还有重力 G

（3）支持力与重力的合力水平指向内侧圆心，成为使火车转弯所需的向心力。

（4）转弯处要选择内外轨适当的高度差，使转弯时所需的向心力完全由重力 G 和支持力 FN 来提供，这样外轨就不受轮缘的挤压了。

（四）实例2：汽车过拱桥（可通过学生看书，讨论，总结）

问题：质量为 m 的汽车在拱桥上以速度 v 前进，桥面的圆弧半径为 r，求汽车通过

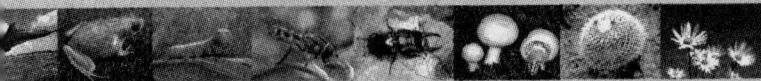

桥的最高点时对桥面的压力。

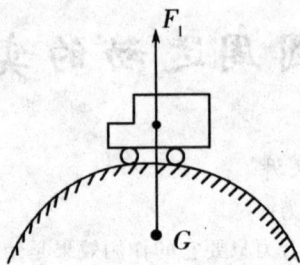

解析：选汽车为研究对象，对汽车进行受力分析：汽车在竖直方向受到重力 G 和桥对车的支持力 F_1 作用，这两个力的合力提供向心力、且向心力方向向下

建立关系式：

$$F_向 = G - F_1 = m\frac{v^2}{r}$$

$$F_1 = G - m\frac{V^2}{r}$$

又因支持力与汽车对桥的压力是一对作用力与反作用力，所以 $F_压 = G - m\frac{V^2}{r}$

（1）当 $v = \sqrt{rg}$ 时，$F = 0$

（2）当 $0 \leqslant v < \sqrt{rg}$ 时，$0 < F \leqslant mg$

（3）当 $v > \sqrt{rg}$ 时，汽车将脱离桥面，发生危险。

小结：上述过程中汽车虽然不是做匀速圆周运动，但我们仍然使用了匀速圆周运动的公式。原因是向心力和向心加速度的关系是一种瞬时对应关系，即使是变速圆周运动，在某一瞬时，牛顿第二定律同样成立，因此，向心力公式照样适用。

（五）竖直平面内的圆周运动

在竖直平面内圆周运动能经过最高点的临界条件：

1. 用绳系小球或小球沿轨道内侧运动，恰能经过最高点时，满足弹力 $F = 0$，重力提供向心力 $mg = m\frac{v^2}{r}$ 得临界速度 $v0 = \sqrt{gr}$

当小球速度 $v \geqslant v_0$ 时才能经过最高点

2. 用杆固定小球使球绕杆另一端做圆周运动经最高点时，由于所受重力可以由杆给它的向上的支持力平衡，由 $mg - F = m\frac{v^2}{r} = 0$ 得临界速度 $v_0 = 0$

当小球速度 $v \geqslant 0$ 时，就可经过最高点。

3. 小球在圆轨道外侧经最高点时，$mg - F = m\frac{v^2}{r}$ 当 $F = 0$ 时得临界速度 $v_0 = \sqrt{gr}$

当小球速度 $v \leqslant v_0$ 时才能沿圆轨道外侧经过最高点。

6. 离心现象及其应用

（一）离心运动

1. 离心运动：做匀速圆周运动的物体，在所受的合力突然消失或者不足以提供圆周运动所需要的向心力的情况下，物体所做的逐渐远离圆心的运动叫做离心运动。

（1）离心运动是物体逐渐远离圆心的一种物理现象。

（2）离心现象的本质是物体惯性的表现

（3）离心的条件：做匀速圆周运动的物体合外力消失或不足以提供所需的向心力。

2. 对离心运动的进一步理解

（1）做圆周运动的质点，当合外力消失时，它就以这一时刻的线速度沿切线方向飞去。

（2）做离心运动的质点是做半径越来越大的运动或沿切线方向飞出的运动，它不是沿半径方向飞出。

（3）做离心运动的质点不存在所谓的"离心力"作用，因为没有任何物体提供这种力（不管是以是什么方式命名的力，只要是真实存在的，一定有施力物体）。

（4）离心运动的运动学特征是逐渐远离圆心运动，动力学特征是合外力消失或不足以提供所需要的向心力。

（二）离心运动的应用和防止

1. 离心运动的应用实例

（1）离心干燥器

（2）洗衣机的脱水筒

（3）用离心机把体温计的水银柱甩回玻璃泡内

2. 离心运动的防止实例

（1）汽车拐弯时的限速

（2）高速旋转的飞轮、砂轮的限速

【例1】汽车沿半径为 R 的圆跑道匀速行驶，设跑道的路面是水平的，路面作用于车的最大静摩擦力是车重的 0.10 倍，要使汽车不至于冲出圆跑道，车速最大不能超过多少？

【解析】如果不考虑汽车行驶时所受的阻力，那么汽车在圆跑道匀速行驶时，轮胎所受的静摩擦力 F（方向指向圆心）提供向心力。车速越大，所需向心力也越大，则静摩擦力 F 也越大，但本题中的向心力不可能超过路面作用于车的最大静摩擦力 F_m，车重的 0.10。设车速的最大值为 v_m，则

$$F_m = m\frac{v^2 m}{R}$$

得：$\frac{mg}{10} = m\frac{v_m^2}{R}$

$$v_m = \sqrt{\frac{gR}{10}}$$

汽车沿半径为 R 的圆跑道匀速行驶时的速率不能超过 $\sqrt{\frac{gR}{10}}$，不然会冲出圆跑道，因为这时最大静摩擦力不足以提供汽车做圆周运动所需的向心力，汽车就脱离原来的圆跑道做离心运动了。

【例2】如图 5-7-1 所示，把两个完全相同的甲、乙两物体放在水平转盘上，甲离转盘中心近些，当逐渐增大转盘的转速时，哪个先滑离原来的位置？为什么？

【解析】物体能否发生相对滑动，在于物体所需要的向心力是否达到了转台和物体之间的最大静摩擦力，超过了就会发生相对滑动。

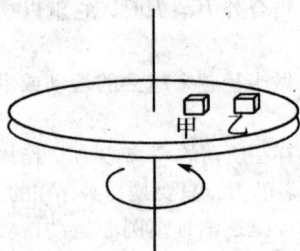

5-7-1

乙先滑离原来的位置。放在水平转动盘上的物体随转盘旋转时有沿半径滑离转动轴的趋势，它没有滑离而绕转轴做匀速圆周运动，是因为物体与转盘间的静摩擦力 F 静提供物体绕轴做匀速圆周运动所需向心力，使它产生向心加速度。根据 $Fm = \mu_0 FN$，由于甲乙两物体重量相等，两处接触面情况相同（即 μ_0 相同），因此这两个物体与盘间最大静摩擦力相等。由根据向心力公式，$F_n = m\omega^2 R$，向心力 F_n 跟角速度 ω^2 成正比，所以随着转盘转速增大时，物体所需向心力也逐渐增大，当物体所需要的向心力超过最大静摩擦力 F_N 时，物体就会滑动，由于甲乙处在同一转盘上，角速度相同。但乙的半径大，它所需要的向心力比甲大，所以当转盘转速增大时，乙先滑离原先位置。

从本题可以看出这样一个结论，在同一转台上离转轴越远的物体越容易滑动，与物体的质量没有关系。仅由物体的轨道半径决定。

【小结】圆周运动的物体，所受的合外力 F 突然消失或不足以提供所需的向心力时，物体就会做离心运动。

第六章 万有引力定律

1. 行星的运动

一、地心说与日心说

1. 地心说和日心说的观点：

地心说：认为地球是宇宙的中心。地球的静止不动的，太阳、月亮以及其它行星都绕地球运动。

日心说：认为太阳是静止不动的，地球和其它行星都绕太阳动动

2. 为什么地心说会统治人们很久时间。

3. 古人是如何看待天体的运动：

古人认为天体的运动是最完美、和谐的匀速圆周运动。

4. 谁首先对天体的匀速圆周运动的观点提出怀疑：开普勒

二、开普勒三定律

开普勒第一定律：所有行星分别在大小不同的椭圆轨道上围绕太阳运动，太阳是在这些椭圆的一个焦点上。

开普勒第二定律：太阳和行星的联线在相等的时间内扫过相等的面积

如图：如果时间间隔相等，即 $t_2 - t_1 = t_4 - t_3$ 那么面积 A = 面积 B

开普勒第三定律：所有行星的椭圆轨道的半长轴的三次方跟公转周期的平方的比值都相等。

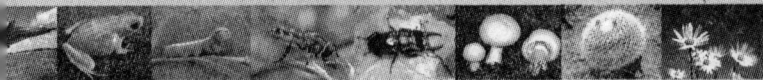

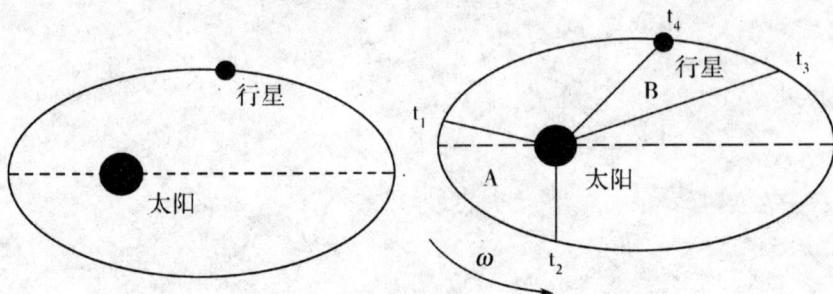

$$R^3/T^2 = k$$

（k 是一个与行星或卫星无关的常量，但不同星球的行星或卫星 K 值不一定相等）

2. 万有引力定律

（一）万有引力定律

（1）万有引力：宇宙间任何有质量的物体之间的相互作用。（板书）

（2）万有引力定律：宇宙间的一切物体都是相互吸引的。两个物体间的引力大小，跟他们之间质量的乘积成正比，跟它们的距离的平方成反比。（板书）

$$F = G\frac{Mm}{r^2}$$

式中：为万有引力恒量 $G = 6.67 \times 10^{-11} N \cdot m^2/kg^2$；$r$ 为两物体的中心距离。引力是相互的（遵循牛顿第三定律）。

（二）应用

（三）学生中存在这样的问题：既然宇宙间的一切物体都是相互吸引的，哪为什么物体没有被吸引到一起？

例题 1 两物体质量都是 1kg，两物体相距 1m，则两物体间的万有引力是多少？

解：由万有引力定律得：$F = G\frac{Mm}{r^2}$

代入数据得：$F = 6.67 \times 10^{-11} N$

通过计算这个力太小，在许多问题的计算中可忽略

例题 2 已知地球质量大约是 $M = 6.0 \times 10^{24} kg$，地球半径为 $R = 6370 km$，地球表面的重力加速度 $g = 9.8 m/s^2$。

求：

（1）地球表面一质量为 $10kg$ 物体受到的万有引力？

青少年应该知道的物理知识

（2）地球表面一质量为 $10kg$ 物体受到的重力？

（3）比较万有引力和重力？

解：（1）由万有引力定律得：$F = G \dfrac{Mm}{r^2}$

代入数据得：$F = 98.6N$

（2）$G = mg = 9.80N$

（3）比较结果万有引力比重力大。原因是在地球表面上的物体所受万有引力可分解为重力和自转所需的向心力。

3. 引力常量的测定

（一）引力常量 G 的测定

1. 卡文迪许扭秤装置

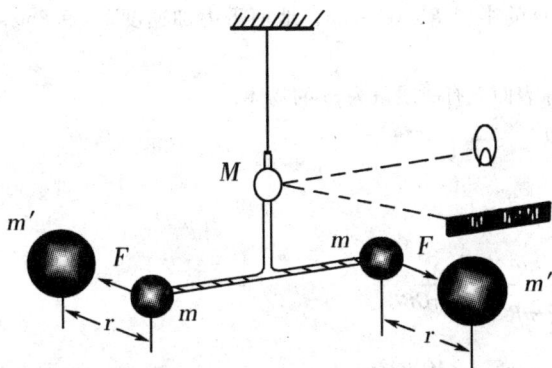

2. 扭秤实验的原理两次放大及等效的思想。扭秤装置把微小力转变成力矩来反映（一次放大），扭转角度通过光标的移动来反映（二次放大），从而确定物体间的万有引力。

  T 形架在两端质量为 m 的两个小球受到质量为 m' 的两大球的引力作用下发生扭转，引力的力矩为 FL。同时，金属丝发生扭转而产生一个相反的力矩 $k\theta$，当这两个力的力矩相等时，T 形架处于平衡状态，此时，金属丝扭转的角度 θ 可根据小镜从上的反射光在刻度尺上移动的距离求出，由平衡方程：$k\theta = F \cdot L$

$$G = \frac{Fr^2}{nm'} = \frac{k\theta r^2}{mm'L}$$

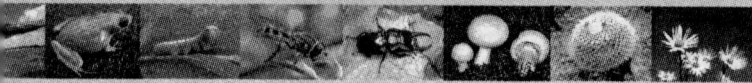

L 为两小球的距离，k 为扭转系数可测出，r 为小球与大球的距离。

3. G 的值

卡文迪许利用扭秤多次进行测量，得出引力常量 $G = 6.71 \times 10^{-11} Nm^2/kg^2$，与现在公认的值 $6.67 \times 10^{-11} Nm^2/kg^2$ 非常接近。

（二）测定引力常量的重要意义

1. 证明了万有引力的存在的普遍性。

2. 使得万有引力定律有了真正的实用价值，可测定远离地球的天体的质量、密度等。

3. 扭秤实验巧妙地利用等效法合理地将微小量进行放大，开创了测量弱力的新时代。

[例题分析]

例 1 既然两个物体间都存在引力，为什么当两个人接近时他们不吸在一起？

解：由于人的质量相对于地球质量非常小，因此两人靠近时，尽管距离不大，但他们之间的引力比他们各自与地球的引力要小得多得多，不足以克服人与地面间的摩擦阻力，因而不能吸在一起。

例 2. 已知地球的半径 $R = 6400km$，地面重力加速度 $g = 9.8m/s^2$，求地球的平均密度。

解：设在地球表面上有一质量为 m 的物体，

则 $mg = G\dfrac{Mm}{R^2}$，

得 $M = \dfrac{gR^2}{G}$，

而 $\rho = \dfrac{M}{V} = \dfrac{gR^2}{\dfrac{4}{3}\pi R^3 G} = \dfrac{3g}{4\pi GR}$，

代入数据得：$\rho = 5.4 \times 10^3 kg/m^3$

4. 人造卫星宇宙速度

1. 卫星运行的速度

人造卫星的运行速率与其轨道半径有何关系？

引导：人造卫星绕地球运转的向心力由什么力提供？（万有引力）设地球质量为 M，某颗卫星运动的轨道半径为 r，此卫星质量为 m，它受到地球对它的万有引力为

$$F_{引} = G\frac{mm}{r^2}$$

此时需要求卫星的动行速度，其向力公式用哪个那呢？$F_{向} = m\frac{v^2}{r}$

$$G\frac{mM}{r^2} = m\frac{v^2}{r}$$

等式两边都有 m，可以约去，说明与卫星质量无关。于是我们得到

卫星的运行速度 $v = \sqrt{\dfrac{GM}{r}}$

从公式可以看出，卫星的运行速度与其本身质量无关，与其轨道半径的平方根成反比。轨道半径越大，运行速度越小；轨道半径越小，运行速度越大。换句话说，离地球越近的卫星运动速度越大。（同学们推导角速度、周期与半径的关系）

2. 人造地球卫星的发射

最早研究人造卫星问题的是牛顿，他设想了这样一个问题：在地面某一高处平抛一个物体，物体将沿抛物线落回地面。物体初速度越大，飞行距离越远。考虑到地球是圆形的，应该是这样的图景：（板图）

当抛出物体沿曲线轨道下落时，地面也沿球面向下弯曲，物体所受重力的方向也改变了。当物体初速度足够大时，物体总要落向地面，总也落不到地面，就成为地球的卫星了。

3. 宇宙速度

从刚才的分析我们知道，要想使物体成为地球的卫星，物体需要一个最小的发射速度，物体以这个速度发射时，能够刚好贴着地面绕地球飞行，此时其万有引力近似等于重力提供了作圆周运动的向心力。

我们可以求出这个最小的发射速度 $v = \sqrt{gR}$

其中，g 为地球表面的重力加速度，约 $9.8m/s^2$。R 为地球的半径，约为 $6.4 \times 10^6 m$。代入数据我们可以算出速度为 $7.9 \times 10^3 m/s$，也就是 $7.9 km/s$。这个速度称为第一宇宙速度。（环绕速度）

第一宇宙速度 $v = 7.9 km/s$

第一宇宙速度是发射一个物体，使其成为地球卫星的最小速度。若以第一宇宙速度发射一个物体，物体将在贴着地球表面的轨道上做匀速圆周运动。若发射速度大于第一宇宙速度，物体将在离地面远些的轨道上做圆周运动。

第一宇宙速度是发射地球卫星的最小速度，是卫星绕地球运行的最大速度。

如果物体发射的速度更大，达到或超过 $11.2 km/s$ 时，物体将能够摆脱地球引力的束缚，成为绕太阳运动的行星或飞到其他行星上去。$11.2 km/s$ 这个速度称为第二宇宙

速度。（脱离速度）

第二宇宙速度 $v = 11.2 \text{km/s}$

如果物体的发射速度再大，达到或超过 16.7km/s 时，物体将能够摆脱太阳引力的束缚，飞到太阳系外。16.7km/s 这个速度称为第三宇宙速度。

第三宇宙速度 $v = 16.7 \text{km/s}$

4. 同步通讯卫星

下面我们再来研究一种卫星——同步通信卫星。这种卫星绕地球运动的角速度与地球自转的速度相同，所以从地面上看，它总在某地的正上方，因此叫同步卫星。

卫星的运行速度 $v = \sqrt{\dfrac{GM}{r}}$

1. 卫星运行的速度

2. 人造地球卫星的发射

3. 宇宙速度第一宇宙速度 $v = 7.9 \text{km/s}$

第二宇宙速度 $v = 11.2 \text{km/s}$

第三宇宙速度 $v = 16.7 \text{km/s}$

4. 同步通讯卫星特点：

①在赤道平面内。

②与地球自转方向相同。

③高度一定。

第七章 机械能

1. 功

1. 功的概念

（1）如果一个物体受到力的作用，并且在力的方向上发生了位移，物理学中就说这个力对物体做了功。

（2）在物理学中，力和物体在力的方向上发生的位移，是做功的两个不可缺少的因素。

2. 功的公式

就图 1 提出：力 F 使滑块发生位移 S 这个过程中，F 对滑块做了多少功如何计算？由同学回答出如下计算公式：$W = Fs$。就此再进一步提问：如果细绳斜向上拉滑块，如图 2 所示，这种情况下滑块沿 F 方向的位移是多少？与同学一起分析并得出这一位移为 $s\cos\alpha$。至此按功的前一公式即可得到如下计算公式：

$$W = Fs\cos\alpha$$

$$W = Fs\cos\alpha$$

力对物体所做的功，等于力的大小、位移的大小、力和位移的夹角的余弦三者的乘积。

在国际单位制中，功的单位是焦耳（J）

$$1J = 1N \cdot m$$

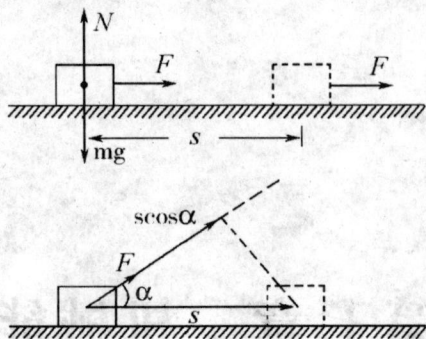

3. 正功、负功

（1）首先对功的计算公式 $W = Fs\cos\alpha$ 的可能值与学生共同讨论。从 $\cos\alpha$ 的可能值入手讨论，指出功 W 可能为正值、负值或零，再进一步说明，力 F 与 s 间夹角 α 的取值范围，最后总结并作如下板书：

当 $0° \leqslant \alpha < 90°$ 时，$\cos\alpha$ 为正值，W 为正值，称为力对物体做正功，或称为力对物体做功。

当 $\alpha = 90°$ 时，$\cos\alpha = 0$，$W = 0$，力对物体做零功，即力对物体不做功。

当 $90° < \alpha \leqslant 180°$ 时，$\cos\alpha$ 为负值，W 为负值，称为力对物体做负功，或说物体克服这个力做功。

（2）讨论功的物理意义，说明正功、负功的物理意义。

上述两个过程都是人用力对物体做功的过程，都要消耗体能。就此指出做功过程是能量转化过程，做功越多，能量转化得越多，因而功是能量转化的量度。能量是标量，相应功也是标量。板书如下：

功是描述力在空间位移上累积作用的物理量。功是能量转化的量度，功是标量。

②在上述对功的意义认识的基础上，讨论正功和负功的意义，得出如下认识并板书：

正功的意义是：力对物体做功向物体提供能量，即受力物体获得了能量。

负功的意义是：物体克服外力做功，向外输出能量（以消耗自身的能量为代价），即负功表示物体失去了能量。

2. 功率

1. 功率

力 F_1 对甲物体做功为 $W1$，所用时间为 t_1，力 F_2 对乙物体做功为 $W2$，所用时间为 t_2，在下列条件下，哪个力做功快？

青少年应该知道的物理知识

A. $W_1 = W_2$，$t_1 > t_2$ B. $W_1 = W_2$，$t_1 < t_2$
C. $W_1 > W_2$，$t_1 = t_2$ D. $W_1 < W_2$，$t_1 = t_2$

上述条件下，哪个力做功快的问题学生都能作出判断，其实都是根据 W/t 这一比值进行分析判断的。让学生把这个意思说出来，然后总结并板书如下：

功率是描述做功快慢的物理量。

功和完成这些功所用的时间之比，叫做功率。如果用 W 表示功，t

表示完成这些功所用的时间，p 表示功率，那么 $p = \dfrac{W}{t}$

单位是 J/s，称为瓦特，符号为 W。最后分析并说明功率是标量。

功率的大小与单位时间内力所做的功为等值。

2. 平均功率与瞬时功率

（1）平均功率

$p = \dfrac{W}{t}$ 为平均功率的定义式。

（2）瞬时功率

为了比较细致地表示出每时每刻的做功快慢，引入了瞬时功率的概念，即瞬时功率是表示某个瞬时做功快慢的物理量。

提出瞬时功率如何计算的问题后，作如下推导：

一段较短时间内的平均功率可以写成如下公式（$P = \triangle W / \triangle t$），

而 $\triangle W = F \cdot \triangle s$，$\triangle s / \triangle t = \bar{v}$，故有

$$P = \frac{\triangle W}{\triangle t} = \frac{F \cdot \triangle s}{\triangle t} = F \cdot \bar{v} \text{ 仍为平均功率。}$$

上式中，当 $\triangle t \to 0$ 时，$\dfrac{\triangle s}{\triangle t}$ 即为瞬时速度，因而有下式：

$P = F \cdot v$ 此为瞬时功率计算公式

3. 例题讲解

例 1. 如图 1 所示，位于水平面上的物体 A 的质量 $m = 5$kg，在 $F = 10$N 的水平拉力作用下从静止开始向右运动，位移为 $s = 36$m 时撤去拉力 F。求：在下述两种条件下，力 F 对物体做功的平均功率各是多大？（取 $g = 10$m/s^2）

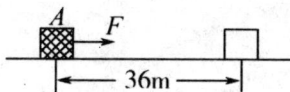

图 1

（1）设水平面光滑；

（2）设物体与水平面间的动摩擦因数 $\mu = 0.15$。

解答过程可分为三个阶段：①让学生计算力 F 在 36m 位移中所做的功，强调功只

由 F 和 s 这两个要素决定，与其它因素无关，因而两种情况下力 F 做的功相同，均为 W = 360J。②由同学计算这两次做功所用的时间。用牛顿第二定律求出 $a_1 = 2m/s^2$，$a_2 = 0.5m/s^2$；用 $s = \frac{1}{2}at^2$ 分别求出 $t_1 = 6s$，$t_2 = 12s$。③用功率的定义式即平均功率的计算公式求得 $p_1 = 60W$，$p_2 = 30W$。

求出 $t_1 = 6s$，$t_2 = 12s$。③用功率的定义式即平均功率的计算公式求得

如果有的同学用公式 $v_t^2 = 2as$ 分别求出每次的末速度，再用公式 $\bar{v} = v_t/2$ 求出每次的平均速度 $\bar{v}_1$ 和 $\bar{v}_2$，最后用 $p_1 = \overline{Fv_1}$ 和 $p_2 = \overline{Fv_2}$ 求得最后结果也可以，并指出这是解决问题的另一思路。

例2 如图2所示，位于水平面上的物体 A，在斜向上的恒定拉力作用下，正以 $v = 2m/s$ 的速度向右做匀速直线运动。已知 F 的大小为 $100N$，方向与速度 v 的夹角为 $37°$，求：

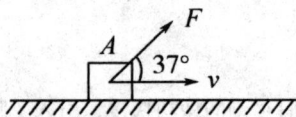

图2

（1）拉力 F 对物体做功的功率是多大？

（2）物体向右运动 10s 的过程中，拉力 F 对它做多少功？（$\sin37° = 0.6$，$\cos37° = 0.8$）

通过此例题的解答，掌握功率的计算公式 $P = Fv\cos\alpha$，并提醒学生，不要认为 F 与 v 总是在同一直线上；并且知道，在功率已知的条件下，可以用 $W = P \cdot t$ 计算一段时间内力所做的功。第（1）问的结果为 $P = 160W$；第（2）问的结果为 $W = 1600J$。

3. 功和能

（一）能的概念

1. 能的概念：

①流动的河水冲走小石块。

②飞行的子弹穿过木板。

③自由下落的重物在地上砸了一个坑。

④压缩的弹簧把物体弹出去。

流动的河水、飞行的子弹、下落的重物、压缩的弹簧都各自对物体做了功。所以它们具有了能量。

青少年应该知道的物理知识

总结：一个物体能够对外做功，则这个物体具有能。

2. 举例：

张紧的弓能够做功，所以它具有能。

电动机通电后能够做功，它具有能。

打夯机能做功，它具有能。

流动的空气能做功，它具有能。

有形变的弹簧具有弹性势能，流动的空气具有动能等。

总结：各种不同形式的能量可以相互转化，而且在转化过程中守恒。

（二）功和能的关系

①人拉重物在光滑水平面上由静止而运动。

②在水力发电厂中，水流冲击水轮机，带动水轮机转动。

③火车在铁路上前进。

分析

①中人对重物做功的过程中，人的生物能转化为物体的动能。

在水力发电厂中，水流对水流机冲击，带动水轮机转动。从而带动发电机转动而做功，水流的机械能转化为电能。

火车前进而做功，把油和煤的化学能转化为内能，又把内能转化为火车的机械能。

在上述过程中，发生了能量转化，且都伴随着做功过程，做功使不同形式的能量发生转化。

过渡：那么在能量转化中，能量的转化和所做的功之间有什么关系呢

归纳：做了多少功，就有多少能量发生转化。

功是能量转化的量度。

功和能的不同

①功是和物体的运动过程有关的物理量，是一个过程量。能是和物体的运动状态有关的物理量，是一个状态量。

②做功可以使物体具有的能量发生变化，而且物体能量变化的大小是用做功的多少来量度的。但功和能不能相互转化。

六、板书设计

功和能 {
1. 能量是表示物体具有做功本领大小的物理量
2. 一个物体能够做功，我们就说这个物体具有能
3. 功和能的联系：①功和能都是标量
②功和能的国际单位都是焦
③功是能量转化的量度
4. 功是过程量，能是状态量
功的大小等于转化的能量，但功不是能
}

4. 动能 动能定理

1. 物体由于运动而具有的能叫动能，它与物体的质量和速度有关。

2. 动能公式

$$E_k = \frac{1}{2}mv^2$$

是标量，不受速度方向的影响。

单位也是焦耳（J）。一个物体处于某一确定运动状态，它的动能也就对应于某一确定值，因此动能是状态量。

3. 动能定理

（1）动能定理的推导

将刚才推导动能公式的例子改动一下：假设物体原来就具有速度 v_1，且水平面存在摩擦力 f，在外力 F 作用下，经过一段位移 s，速度达到 v_2，如图2，则此过程中，外力做功与动能间又存在什么关系呢？

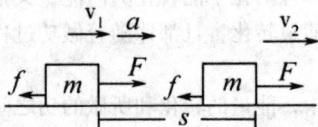

外力 F 做功：$W_1 = Fs$

摩擦力 f 做功：$W_2 = -fs$

外力做的总功为：$W_总 = Fs - fs = ma \cdot \dfrac{V_2^2 - V_1^2}{2a} = \dfrac{1}{2}mv_2^2 - \dfrac{1}{2}mv_1^2 = E_{k2} - E_{K1} = \triangle E_k$

外力 F 做功：$W_1 = Fs$

摩擦力 f 做功：$W_2 = -fs$

外力对物体所做的总功等于物体动能的增加，这个结论叫动能定理。

用 W 总表示外力对物体做的总功，用 $Ek1$ 表示物体初态的动能，用 E_{k2} 表示末态动能，则动能定理表示为：

$$W_总 = E_{k2} - E_{k1} = \triangle E_k$$

（2）对动能定理的理解

动能定理是学生新接触的力学中又一条重要规律，应立即通过举例及分析加深对它的理解。

a. 对外力对物体做的总功的理解

有的力促进物体运动，而有的力则阻碍物体运动。因此它们做的功就有正、负之分，总功指的是各外力做功的代数和；又因为 $W_总 = W_1 + W_2 + \cdots = F_1 \cdot s + F_2 \cdot s + \cdots = $

$F_合 \cdot s$，所以总功也可理解为合外力的功。

b. 对该定理标量性的认识

因动能定理中各项均为标量，因此单纯速度方向改变不影响动能大小。如匀速圆周运动过程中，合外力方向指向圆心，与位移方向始终保持垂直，所以合外力做功为零，动能变化亦为零，并不因速度方向改变而改变。

c. 对定理中"增加"一词的理解

由于外力做功可正、可负，因此物体在一运动过程中动能可增加，也可减少。因而定理中"增加"一词，并不表示动能一定增大，它的确切含义为末态与初态的动能差，或称为"改变量"。数值可正，可负。

d. 对状态与过程关系的理解

功是伴随一个物理过程而产生的，是过程量；而动能是状态量。动能定理表示了过程量等于状态量的改变量的关系。

4. 例题讲解或讨论

主要针对本节重点难点——动能定理，适当举例，加深学生对该定理的理解，提高应用能力。

例1 一物体做变速运动时，下列说法正确的是（ ）

A. 合外力一定对物体做功，使物体动能改变

B. 物体所受合外力一定不为零

C. 合外力一定对物体做功，但物体动能可能不变

D. 物体加速度一定不为零

此例主要考察学生对涉及力、速度、加速度、功和动能各物理量的牛顿定律和动能定理的理解。只要考虑到匀速圆周运动的例子，很容易得到正确答案 B、D。

例2 在水平放置的长直木板槽中，一木块以 6.0m/s 的初速度开始滑动。滑行 4.0m 后速度减为 4.0m/s，若木板槽粗糙程度处处相同，此后木块还可以向前滑行多远？

此例是为加深学生对负功使动能减少的印象，需正确表示动能定理中各物理量的正负。解题过程如下：

设木板槽对木块摩擦力为 f，木块质量为 m，据题意使用动能定理有：

$$-fs_1 = E_{k2} - E_{k1}，即 -f \cdot 4 = \frac{1}{2}m \ (4^2 - 6^2)$$

$$-fs_2 = 0 - E_{k2}，即 -fs_2 = -\frac{1}{2}m4^2$$

二式联立可得：$s_2 = 3.2m$，即木块还可滑行 3.2m。

此题也可用运动学公式和牛顿定律来求解，但过程较繁，建议布置学生课后作业，并比较两种方法的优劣，看出动能定理的优势。

例3 如图3，在水平恒力 F 作用下，物体沿光滑曲面从高为 h_1 的 A 处运动到高为 h_2 的 B 处，若在 A 处的速度为 v_A，B 处速度为 v_B，则 AB 的水平距离为多大？

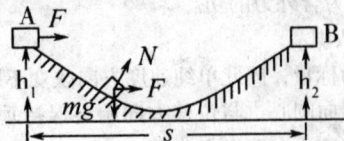

图 3

可先让学生用牛顿定律考虑，遇到困难后，再指导使用动能定理。

A 到 B 过程中，物体受水平恒力 F，支持力 N 和重力 mg 的作用。三个力做功分别为 Fs，0 和 $-mg (h_2 - h_1)$，所以动能定理写为：

$$Fs - mg (h_2 - h_1) = \frac{1}{2}m (v_B^2 - v_B^2)$$

解得 $s = \frac{m}{F}\left[g (h_2 - h_1) + \frac{1}{2} (v_B^2 - v_A^2) \right]$

从此例可以看出，以我们现在的知识水平，牛顿定律无能为力的问题，动能定理可以很方便地解决，其关键就在于动能定理不计运动过程中瞬时细节。

通过以上三例总结一下动能定理的应用步骤：

（1）明确研究对象及所研究的物理过程。

（2）对研究对象进行受力分析，并确定各力所做的功，求出这些力的功的代数和。

（3）确定始、末态的动能。（未知量用符号表示），根据动能定理列出方程

$$W_{总} = E_{k2} - E_{k1}$$

（4）求解方程、分析结果

我们用上述步骤再分析一道例题。

例 4 如图 4 所示，用细绳连接的 A、B 两物体质量相等，A 位于倾角为 30° 的斜面上，细绳跨过定滑轮后使 A、B 均保持静止，然后释放，设 A 与斜面间的滑动摩擦力为 A 受重力的 0.3 倍，不计滑轮质量和摩擦，求 B 下降 1m 时的速度多大。

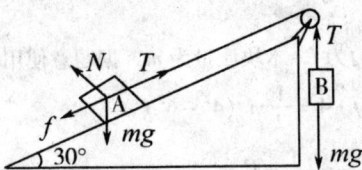

图 4

让学生自由选择研究对象，那么可能有的同学分别选择 A、B 为研究对象，而有了则将 A、B 看成一个整体来分析，分别请两位方法不同的学生在黑板上写出解题过程：

解法一：对 A 使用动能定理 $Ts - mgs \cdot \sin30° - fs = \frac{1}{2}mv^2$

对 B 使用动能定理（$mg-T$） $s=\frac{1}{2}mv^2$ 且 $f=0.3mg$

三式联立解得：$v=1.4\mathrm{m/s}$

解法二：将 A、B 看成一整体。（因二者速度、加速度大小均一样），此时拉力 T 为内力，求外力做功时不计，则动能定理写为：

$$mgs-mgs\cdot\sin30^\circ-fs=\frac{1}{2}\cdot 2mv^2$$

$f=0.3mg$

$f=0.3mg$

二式联立解得：$v=1.4\mathrm{m/s}$

可见，结论是一致的，而方法二中受力体的选择使解题过程简化，因而在使用动能定理时要适当选取研究对象。

5. 重力势能

1. 重力势能

（1）定义：物体由于被举高而具有的能量。

物体的重力势能的大小与物体的质量和物体所处的高度有关。

现在来推导重力势能的定量表达式：投球的质量为 m，从高度为 h_1 的 A 点下落到高度为 h_2 的 B 点，如图所示，重力所做的功为

$$W_G=mg\triangle h=mgh_1-mgh_2$$

（2）重力势能的表述式

$E_p=mgh$ 物体的重力势能等于物体的重量和它的高度的乘积，重力势能是标量，也是状态量，其单位为 J

（3）重力做功与重力势能的关系

重力做功也可以写成 $W_G=E_{p1}-E_p$

当物体下落时，重力做正功，$W_G<0$，可设 $E_{p1}>E_p$，这说明，重力做功，重力势能 E_p 减少，减少的值等于重力所做的功。

2. 重力势能具有相对性

正如上例所述，要确定物体重力势能 E_p 的大小，首先必须确定一个参考平面为零势能面，若定了零重力势能参考平面，物体在此平面的下方，物体的重力势能就为负，如上例把三楼底板为零重力势能平面物体的重力势能 $E_{p3}=200\mathrm{J}$

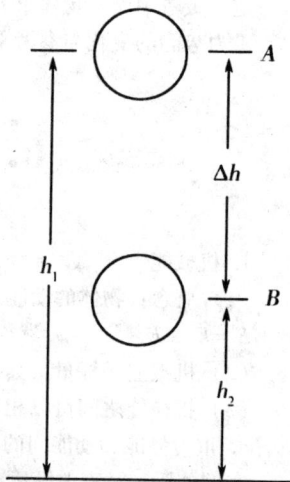

由此看来，物体重力势能的正负还表示重力势能的大小，在参考水平面以上的物体的重力势能一定大于参考平面以下物体的重力势能。

要特别指出的是：重力势能的变化县与零重力势能参考平面选择无关，就好像物体的高度值与选择哪一点作为测量起点无关。至于选择哪个水平面作为参考平面，可视研究，解决问题的方便而定。

与重力势能相类似，还有弹性势能。

3. 弹性势能

发生弹性形变的物体能对外界做功，因而具有能量，这种能量就叫弹性势能，它存在于发生弹性形变的物体之中。

势能又叫位能，它是由相互作用的物体的相对位置决定。机械运动中的势能是重力势能和弹性势能的统称。

3. 势能都是相对量，只有先走零势能参考平面，势能才有确定的值。

六、板书设计

1. 重力势能

（1）定义：物体由于被举高而具有的能量。

（2）重力势能的表达公式。

$E_p = mgh$

（3）重力做功与重力势能的关系。

$W_G = E_{p1} - E_{p2}$

物体下落 $W_G > 0$　$E_{p1} > E_{p2}$

物体上升 $W_G < 0$　$E_{p1} < E_{p2}$

2. 重力势能具有相对性。

定了参考平面，物体重力势能才有确定值。

重力势能的变化与参考平面选择无关。

6. 械能守恒定律

1. 机械能

（1）概念：物体的动能、势能的总和

$E = E_K + E_P$

（2）机械能是标量，具有相对性（需要设定势能参考平面）

（3）机械能之间可以相互转化

a. 重力势能和动能间的相互转化

实例分析：竖直上抛运动、竖直平面内的圆周运动

b. 弹性势能和动能间的相互转化

实例分析：水平弹簧系统：弹簧的一端固定，另一端和滑块相连，让滑块在水平的轨道上做往复运动。

（4）过渡：通过上述分析，我们得到动能和势能之间可以相互转化，那么在动能势能的转化过程中，动能和势能的和有什么变化呢？

2. 机械能守恒定律

结论：只受重力作用时机械能保持不变

b. 平抛运动：质量为 1kg 的物体以 10m/s 初速度水平抛出，其它同上（1）

结论：只受重力作用时机械能不变

c. 质量为 1kg 的物体沿倾角为 300 的光滑斜面从静止开始下滑

（同上计算）

思考：（*a*）是否只受重力作用？

（*b*）与上两例是否可以找出共同点？

结论：只有重力做功时，物体的动能和势能相互转化，但机械能总量保持不变

2. 理论推导过程

物体只有重力做功

根据动能定理得：

$$W = \frac{1}{2}mv_2^2 - \frac{1}{2}mv_1^2 \quad (1)$$

又据重力做功与重力势能的关系得到：$W_G = mgh_1 - mgh_2$ （2）

由（1）（2）两式可得 $\frac{1}{2}mv_2^2 - \frac{1}{2}mv_1^2 = mgh_1 - mgh_2$

移项得：$\frac{1}{2}mv_2^2 + mgh_2 = \frac{1}{2}mv_1^2 + mgh_2$

结论：只有重力做功时，动能和重力势能相互转化，但机械能总量保持不变

3. 机械能守恒定律

（1）内容：在只有只有重力做功时，动能和重力势能相互转化，但机械能总量保持不变

（2）理解：

①条件：*a*：只受重力作用

b：不只受得力作用，但其它力不做功

②表达式：$\frac{1}{2}mv_2^2 + mgh_2 = \frac{1}{2}mv_1^2 + mgh_2$

（3）只有弹簧弹力做功时，弹性势能和动能间相互转化，但物体和弹簧系统机械能总量保持不变。（理论推导中的重力做功改成弹簧弹力做功，重力势能改为弹性势能）

小结

本节课我们学习了机械能守恒定律

1. 我们说机械能守恒的关键是：只有重力或弹力做功；

2. 在具体判断机械能是否守恒时，一般从以下两方面考虑：

①对于某个物体，若只有重力做功，而其他力不做功，则该物体的机械能守恒。

②对于由两个或两个以上物体（包括弹簧在内组成的系统，如果系统只有重力做功或弹力做功，物体间只有动能、重力势能和弹性势能之间的相互转化，系统与外界没有机械能的转移，系统内部没有机械能与其他形式能的转化系统的机械能守恒。

3. 如果物体或系统除重力或弹力之外还有其他力做功，那么机械能就要改变。

第八章　动量

1. 冲量和动量

（一）冲量

（1）冲量的定义：力 F 和力的作用时间 t 的乘积 Ft 叫做力的冲量，通常用符号 I 表示冲量。

（2）定义式：$I = Ft$

（3）单位：冲量的国际单位是牛·秒（$N \cdot s$）

（4）冲量是矢量，它的方向是由力的方向决定的，如果力的方向在作用时间内不变，冲量的方向就跟力的方向相同。如果力的方向在不断变化，如绳子拉物体做圆周运动，则绳的拉力在时间 t 内的冲量，就不能说是力的方向就是冲量的方向。对于方向不断变化的力的冲量，其方向可以通过动量变化的方向间接得出。学习过动量定理后，自然也就会明白了。

5. 冲量的计算：冲量是表示物体在力的作用下经历一段时间的累积的物理量，因此，力对物体有冲量作用必须具备力 F 和该力作用下的时间 t 两个条件。换句话说：只要有力并有作用一段时间，那么该力对物体就有冲量作用，可见，冲量是个过程量。

6. 巩固训练：

以初速度竖直向上抛出一物体，空气阻力不可忽略。关于物体受到的冲量，以下说法正确的是：（　　　）

A. 物体上升阶段和下落阶段受到的重力的冲量方向相反；

B. 物体上升阶段和下落阶段受到空气阻力冲量的方向相反；

C. 物体在下落阶段受到重力的冲量大于上升阶段受到重力的冲量；

D. 物体从抛出到返回抛出点，所受各力冲量的总和方向向下。

小结：冲量和力的作用过程有关，冲量是由力的作用过程确定的过程量。

（思考1）足球场上一个足球迎头飞过来，你的第一个反应是什么？如果飞过来的是铅球呢？为什么？

小结：运动物体的作用效果与物体的质量有关。

（思考2）别人很慢地朝你投来一颗质量为20g的子弹来你敢不敢用手去接？如果子弹从枪里面发出来呢？

小结：运动物体的作用效果还与物体的速度有关。

归纳：运动物体的作用效果，由物体的质量和速度共同决定。

（二）动量

1. 定义：质量 m 和速度 v 的乘积 mv。动量通常用字母 P 表示。

2. 公式：$p = mv$

3. 单位：千克·米/秒（$kg \cdot m/s$），$1N \cdot m = 1kg \cdot m/s2 \cdot m = 1kg \cdot m/s$

4. 动量也是矢量：动量的方向与速度方向相同。

4. 知识巩固训练二

1）试证明冲量的单位 $N \cdot s$ 和动量的单位 $kg \cdot m/s$ 是相同的。

2）我们说物体的动量在变化，包括几种情况，举例说明。

5. 学生讨论回答后，教师总结：

1）动量和冲量的单位是相同的，即：1牛·秒＝1千克·米/秒。

2）由于动量是矢量，所以只要物体的速度大小和方向发生变化，动量就一定发生变化。例如做匀速直线运动的物体其动量是恒量，而做匀速圆周运动的物体，由于速度方向不断改变，即使其动量大小不变，但因其方向不断改变，所以其动量是一变量。

过渡引言：如果一个物体的动量发生了变化，那么它的动量变化量如何求解？

（三）动量的变化

1. 教师介绍：所谓动量变化就是在某过程中的末动量与初动量的矢量差。即 $\triangle P = P' - P$。

2. 出示下列例题：

例1：一个质量是0.2kg的钢球，以2m/s的速度水平向右运动，碰到一块竖硬的大理石后被弹回，沿着同一直线以2m/s的速度水平向左运动，碰撞前后钢球的动量有没有变化？变化了多少？

例2：一个质量是0.2kg的钢球，以2m/s的速度斜射到坚硬的大理石板上，入射的角度是45，碰撞后被斜着弹出，弹出的角度也是45，速度大小仍为2m/s，用作图法求出钢球动量变化大小和方向？

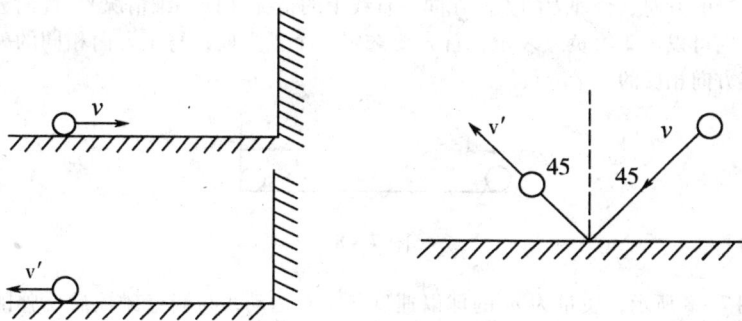

三、小结

1. 在物理学中，冲量是反映力的时间积累效果的物理量，力和力的作用时间的乘积叫做力的冲量，冲量是矢量。

2. 物体的质量和速度的乘积叫动量，动量是一个状态量，动量是矢量。动量的运动服从矢量运算规则——平行四边形定则。如果物体的运动在同一条直线上，在选定一个正方向后，动量的运算就可以简化为代数运算。

3. 关于动量变化量的运算，$\triangle p$ 也是一处矢量，它的方向可以跟初动量的方向相同，也可以跟初动量的方向相反，也可能跟初动量的方向成一角度。

2. 动量定理

一、动量定理

1. 物理意义：物体所受合外力的冲量等于物体的动量变化

2. 公式：$Ft = p' - p$ 中 F 是物体所受合外力，p 是初动量，p' 是末动量，t 是物体从初动量 p 变化到末动量 p' 所需时间，也是合外力 F 作用的时间。

3. 单位：F 的单位是 N，t 的单位是 s，p 和 P' 的单位是 kg·m/s（kg·ms^{-1}）。

前面我们通过理论推导得到了动量定理的数学表达式，下面对动量定理作进一步的理解。

二、对动量定理的进一步认识

1. 动量定理中的方向性

公式 $Ft = p' - P = \triangle p$ 是矢量式，合外力的冲量的方向与物体动量变化的方向相同。合外力冲量的方向可以跟初动量方向相同，也可以相反。

例如，匀加速运动合外力冲量的方向与初动量方向相同，匀减速运动合外力冲量方向与初动量方向相反，甚至可以跟初动量方向成任何角度。在中学阶段，我们仅限于初、末动量的方向、合外力的方向在同一直线上的情况（即一维情况），此时公式中各矢量的方向可以用正、负号表示，首先要选定一个正方向，与正方向相同的矢量取正值，与正方向相反的矢量取负值。

图 7 - 8

如图 7 - 8 所示，质量为 m 的球以速度 v 向右运动，与墙壁碰撞后反弹的速度为 v'，碰撞过程中，小球所受墙壁的作用力 F 的方向句左。若取向左为正方向，则小球所受墙壁的作用力为正值，初动量取负值，末动量取正值，因而根据动量定理可表示为

$Ft = p' - p = mv' - （- mv） = mv' + mv$

此公式中 F、v、v' 均指该物理量的大小（此处可紧接着讲课本上的例题）。

2. 动量的变化率：动量的变化跟发生这一变化所用的时间的比值。由动量定理 $Ft = \triangle p$ 得 $F = \triangle P/t$，可见，动量的变化率等于物体所受的合外力。当动量变化较快时，物体所受合外力较大，反之则小；当动量均匀变化时，物体所受合外力为恒力，可由图 7 - 9 所示的图线来描述，图线斜率即为物体所受合外力 F，斜率大，则 F 也大。

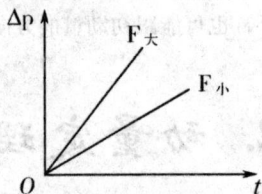

图 7 - 9

3. 动量定理的适用范围

尽管动量定理是根据牛顿第二定律和运动学的有关公式在恒定合外力的情况下推导出来的。可以证明：

动量定理不但适用于恒力，也适用于随时间变化的变力。对于变力情况，动量定理中的 F 应理解为变力在作用时间内的平均值。

在实际中我们常遇到变力作用的情况，比如用铁锤钉钉子，球拍击乒乓球等，钉子和乒乓球所受的作用力都不是恒力，这时变力的作用效果可以等效为某一个恒力的作用，则该恒力就叫变力的平均值，如图 7-10 所示，是变力与平均力的 $F-t$ 图像，其图线与横轴所围的面积即为冲量的大小，当两图线面积相等时，即变力与平均力在 t_0 时间内等效。

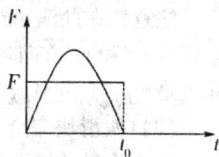

利用动量定理不仅可以解决匀变速直线运动的问题，还可以解决曲线运动中的有关问题，将较难计算的问题转化为较易计算的问题，这一点将在以后的学习中逐步了解到。总之，动量定理有着广泛的应用。

图 7-10

3. 动量守恒定律

$m_1 v_1' + m_2 v_2' = m_1 v_1 + m_2 v_2$

$p_1' + p_2' = p'1 + p'2$

$p' = p$

这表明两球碰撞前后系统的总动量是相等的。

2. 结论：相互作用的物体所组成的系统，如果不受外力作用，或它们所受外力之和为零。则系统的总动量保持不变。这个结论叫做动量守恒定律。

做此结论时引导学生阅读课文。并板书。

$\sum F_外 = 0$ 时 $p' = p$

3. 利用气垫导轨上两滑块相撞过程演示动量守恒的规律。

（1）两滑块弹性对撞（将弹簧圈卡在一个滑块上对撞）

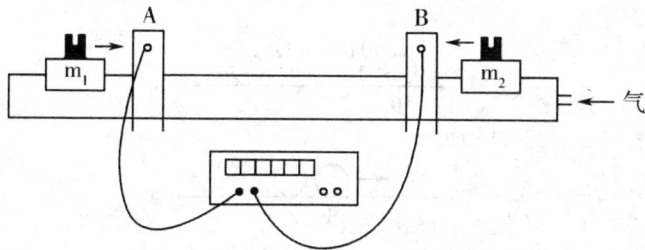

光电门测定滑块 m_1 和 m_2 第一次（碰撞前）通过 A、B 光门的时间 t_1 和 t_2 以及第二次（碰撞后）通过光门的时间 t_1' 和 t_2'。光电计时器记录下这四个时间。

将 t_1、t_2 和 t_1'、t_2' 输入计算机，由编好的程序计算出 v_1、v_2 和 v_1'、v_2'。将已测出的滑块质量 m_1 和 m_2 输入计算机，进一步计算出碰撞前后的动量 p_1、p_2 和 p_1'、p_2' 以及前后的总动量 p 和 p'。

由此演示出动量守恒。

注意：在此演示过程中必须向学生说明动量和动量守恒的矢量性问题。因为 v_1 和 v_2 以及 v_1' 和 v_2' 方向均相反，所以 $p_1 + p_2$ 实际上是 $|p_1| - |p_2| = 0$，同理 $p_1' + p_2'$ 实际上是 $|p_1'| - |p_2'|$。

（2）两滑块完全非弹性碰撞（将弹簧圈取下，两滑块相对面各安装尼龙子母扣）

为简单明了起见，可让滑块 m_2 静止在两光电门之间不动（$p_2 = 0$），滑块 m_1 通过光门 A 后与滑块 m_2 相撞，二者粘合在一起后通过光门 B。

光门 A 测出碰前 m_1 通过 A 时的时间 t，光门 B 测出碰后 $m_1 + m_2$ 通过 B 时的时间 t'。将 t 和 t' 输出计算机，计算出 p_1 和 $p_1' + p_2'$ 以及碰前的总动量 p（$= p_1$）和碰后的总动量 p'。由此验证在完全非弹性碰撞中动量守恒。

（3）两滑块反弹（将尼龙拉扣换下，两滑块间挤压一弹簧片）

将两滑块置于两光电门中间，二者间挤压一弯成 ∩ 形的弹簧片（铜片）。同时松开两手，钢簧片将两滑块弹开分别通过光电门 A 和 B，测定出时间 t_1 和 t_2。

将 t_1 和 t_2 输入计算机，计算出 v_1 和 v_2 以及 p_1 和 p_2。

认识到弹开前系统的总动量 $p_0 = 0$，弹开后系统的总动量 $p_t = |p_1| - |p_2| = 0$。总动量守恒，其数值为零。

4. 例题甲、乙两物体沿同一直线相向运动，甲的速度是 3m/s，乙物体的速度是 1m/s。碰撞后甲、乙两物体都沿各自原方向的反方向运动，速度的大小都是 2m/s。求甲、乙两物体的质量之比是多少？

分析：对甲、乙两物体组成的系统来说，由于其不受外力，所以系统的动量守恒，即碰撞前后的总动量大小、方向均一样。

由于动量是矢量，具有方向性，在讨论动量守恒时必须注意到其方向性。为此首先规定一个正方向，然后在此基础上进行研究。

板书：

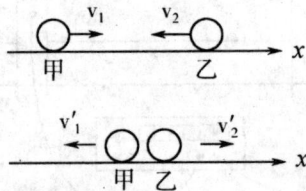

$$\frac{m_1}{m_2} = \frac{v_2 - v_2}{v_1 - v_1} = \frac{2 - (-1)}{3 - 2} = \frac{3}{5}$$

讲解：规定甲物体初速度方向为正方向。则 $v_1 = +3\text{m/s}$，$v_2 = 1\text{m/s}$。碰后 $v_1' = -2\text{m/s}$，$v_2' = 2\text{m/s}$

根据动量守恒定律应有 $m_1 v_1 + m_2 v_2 = m_1 v_1' + m_2 v_2'$ 移项整理后可得 m_1 比 m_2 为

$$\frac{m_1}{m_2} = \frac{v_2 - v_2}{v_1 - v_1}$$

代入数值后可得 $m_1/m_2 = 3/5$，即甲、乙两物体的质量比为 3:5。

5. 练习题质量为 30kg 的小孩以 8m/s 的水平速度跳上一辆静止在水平轨道上的平板车，已知平板车的质量是 80kg，求小孩跳上车后他们共同的速度。

分析：对于小孩和平板车系统，由于车轮和轨道间的滚动摩擦很小，可以不予考虑，所以可以认为系统不受外力，即对人、车系统动量守恒。

板书解题过程：

跳上车前系统的总动量 $p = mv$

跳上车后系统的总动量 $p' = (m + M) V$

由动量守恒定律有 $mv = (m + M) V$

解得 $V = \dfrac{mv}{m + M} = \dfrac{30 \times 8}{30 + 50} \text{m/s} = 3\text{m/s}$

6. 小结

（1）动量守恒的条件：系统不受外力或合外力为零时系统的动量守恒。

（2）动量守恒定律适用的范围：适用于两个或两个以上物体组成的系统。动量守恒定律是自然界普遍适用的基本规律，对高速或低速运动的物体系统，对宏观或微观系统它都是适用的。

4. 反冲运动火箭

（一）反冲

【演示】用薄铝箔卷成一个细管，一端封闭，另一端留一个很细的口。内装有火柴头刮下的药粉，把它放在增加上，使细管呈水平状态。用火柴给细管加热，当管内的药粉点燃时，生成的燃气从细口迅速喷出，细管便向相反的方向飞去。

1. 反冲运动：物体通过分离出一部分物体，使另一部分向相反的方向运动的现象，叫做反冲运动。

被分离的一部分物体可以是高速喷射出的液体、气体，也可以是被弹出的固体。

2. 反冲运动的特点：反冲运动和碰撞、爆炸有相似之处，相互作用力常为变力，且作用力大，一般都都满足内力＞＞外力，所以反冲运动可用动量守恒定律来处理。

（1）反冲运动的问题中，有时遇到的速度是相作用的两物体间的相对速度，这是应将相对速度转化成对地的速度后，在列动量守恒的方程。

（2）在反冲运动中还常遇到变质量物体的运动，如火箭在运动过程中，随着燃料的消耗火箭本身的质量不断在减小，此时必须取火箭本身和在相互作用时的整个过程来进行研究。

3. 反冲运动的应用：火箭、喷气式飞机或水轮机、灌溉喷水器等。

(二）火箭

1. 火箭：现代火箭是指一种靠喷射高温高压燃气获得反作用力向前推进的飞行器。

2. 火箭的工作原理：动量守恒定理。

当火箭推进剂燃烧时，从尾部喷出的气体具有很大的动量，根据动量守恒定律，火箭获得大小相等，方向相反的动量，因而发生立连续的反冲现象，随着推进剂的消耗，火箭的质量逐渐减小，加速度不断增大，当推进剂燃尽时，火箭即以获得的速度沿着预定的轨道飞行。

3. 火箭飞行能达到的最大飞行速度，主要决定于两个因素：

（1）喷气的速度：现代液体燃料火箭的喷气速度约为 2.5km/s，提高到 4～4.5km/s 需要很高的技术。

（2）质量比（火箭开始飞行时的质量与燃料燃尽时的质量之比），现代火箭能达到的质量比不超过 10。

4. 现代火箭的主要用途：利用火箭作为运载工具,；例如发射探测器、常规弹头、人造卫星和宇宙飞船。

5. 我国的火箭技术已跨入世界先进行列。

【例1】火箭喷气发动机每次喷出 $m = 200g$ 的气体，喷出气体相对地的速度 $v = 1000m/s$，

设火箭初质量 $M = 300kg$，发动机每秒喷气 20 次，在不考虑地球引力及空气阻力的情况下，火箭发动机 1 秒末的速度是多大？

【解析】选火箭和 1 秒末喷出的气体为研究对象，设火箭 1 秒末速度为 V，1 秒内共喷

出质量为 $20m$ 的气体，选火箭前进方向为正方向，由动量守恒得：

$(M - m) V - 20mv = 0$

解得

$$v = \frac{20mv}{M - 20m} = \frac{20 \times 0.2 \times 1000}{300 - 20 \times 0.2} m/s = \frac{4000}{296} = 13.6 m/s$$

【例2】一静止的质量为 M 的原子核，以相对地的速度 v 放射出一质量为 m 的粒子后，原子核剩余部分作反冲运动的速度大小为（　　　）

A. $\frac{Mv}{m}$ 　　　B. $\frac{mv}{M - m}$ 　　　C. $\frac{M - m}{m}$ 　　　D. $\frac{M + m}{m}$

【解析】由动量守恒：

$(M - m) v' = mv$

得 $v' = \frac{mv}{M - m}$

答案为 B。

【例3】采取下列哪些措施有利于增加喷气式飞机的飞行速度（　　　）

A. 使喷出的气体速度增大　　　　　B. 使喷出的气体温度更高

C. 使喷出的气体质量更大　　　　D. 使喷出的气体密度更小

【解析】设原来的总质量为 M，喷出的气体质量为 m，速度是 v，剩余的质量（$M-m$）的速度是 v'，由动量守恒得出：

$mv = （M-m）v'$

$v' = \dfrac{mv}{M-m}$，由上式可知：m 越大，v 越大，v' 越大。答案为 A、C。

第九章 机械振动

1. 简谐运动

1. 机械振动

（1）定义：物体在平衡位置附近所做的往复运动，叫做机械振动。

＜演示＞挂在弹簧下端的重物的上下振动。

（2）产生振动的条件：①每当物体离开平衡位置就会受到回复力的作用；

②阻力足够小。

（3）回复力：使振动物体回到平衡位置的力。

注：①回复力是根据力的效果命名的。

②实际来源：沿振动方向的合外力。

提问：振动是自然界中普遍存在的一种运动形式，请举例说明还有什么样的运动属于振动？（微风中树枝的颤动、心脏的跳动、钟摆的摆动、声带的振动……）

跟研究其它的现象一样，研究振动现象也要从最简单、最基本的振动来着手。我们首先学习一种最简单、最基本的振动——简谐运动。

2. 简谐运动

第一步，实例分析：弹簧振子

（1）一种理想化模型：①杆光滑，阻力不计；②轻弹簧，弹簧质量不计。

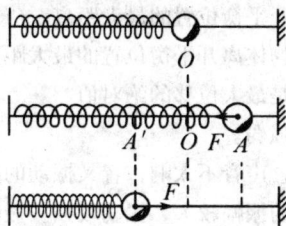

<演示>气垫弹簧振子的振动

（2）运动规律：

注：在研究机械振动时，我们把偏离平衡位置的位移简称为位移。

分析在一次全振动过程中振子的位移的变化、弹力的变化、加速度的变化、速度的变化。

（3）回复力的来源：弹簧的弹力

回复力的特点：根据胡克定律，弹簧振子的回复力 F 跟位移 x 的大小成正比，跟位移 x 的方向相反。即 $F = -kx$。

具有这样回复力特点的振动就是简谐运动。

第二步，得出简谐运动的定义

（1）定义：在跟对平衡位置的位移成正比而方向相反的回复力作用下的振动，叫做简谐运动。

（2）动力学特征：$F = -kx$。

k 是比例常数，对于弹簧振子，k 就等于弹簧的劲度系数。但对于其它的简谐运动，k 也可以是别的常数。

（3）运动学特征：。

2. 振幅周期和频率

1. 振动的振幅

在弹簧振子的振动中，以平衡位置为原点，物体离开平衡位置的距离有一个最大值。如图所示（用投影仪投影），振子总在 AA' 间往复运动，振子离开平衡位置的最大距离为 OA 或 OA'，我们把 OA 或 OA' 的大小称为振子的振幅。

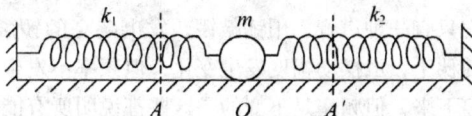

（1）振幅 A：振动物体离开平衡位置的最大距离。（或投影）

我们要注意，振幅是振动物体离开平衡位置的最大距离，而不是最大位移。这就意味着，振幅是一个数值，指的是最大位移的绝对值。

振幅是标量，表示振动的强弱。

实验演示：轻敲一下音叉，声音不太响，音叉振动的振幅较小，振动较弱。重敲一下音叉，声音较响，音叉振动的振幅较大，振动较强。振幅的单位和长度单位一样，在国际单位制中，用米表示。

（2）单位：m

由于简谐运动具有周期性，振子由某一点开始运动，经过一定时间，将回到该点，我们称振子完成了一次全振动。振子完成一次全振动，其位移和速度的大小、方向如何变化？

结论：振子完成一次全振动，其位移和速度的大小、方向与从该点开始运动时的位移和速度的大小、方向完全相同。

在匀速圆周运动中，物体运动一个圆周，所需时间是一定的。观察振子的运动，并用秒表或脉搏测定振子完成一次全振动的时间，我们通常测出振子完成 20～30 次全振动的时间，从而求出平均一次全振动的时间。可以发现，振子完成一次全振动的时间是相同的。

2. 振动的周期和频率

（1）振动的周期 T：做简谐运动的物体完成一次全振动的时间。

振动的频率 f：单位时间内完成全振动的次数。

（2）周期的单位为秒（s）、频率的单位为赫兹（Hz）。

（3）周期和频率都是表示振动快慢的物理量。两者的关系为：

$T = 1/f$ 或 $f = 1/T$

举例来说，若周期 $T = 0.2s$，即完成一次全振动需要 $0.2s$，那么 $1s$ 内完成全振动的次数，就是 $1/0.2 = 5s^{-1}$。也就是说，$1s$ 钟振动 5 次，即频率为 $5Hz$。

我们可以认识到，同一个振子，其完成一次全振动所用时间是不变的，但振动的幅度可以调节。不同的振子，虽振幅可相同，但周期是不同的。

3. 简谐运动的周期或频率与振幅无关

振子的周期（或频率）由振动系统本身的性质决定，称为振子的固有周期或固有频率。

例如：一面锣，它只有一种声音，用锤敲锣，发出响亮的锣声，锣声很快弱下去，但不会变调。摆动着的秋千，虽摆动幅度发生变化，但频率不发生变化。弹簧振子在实际的振动中，会逐渐停下来，但频率是不变的。这些都说明所有能振动的物体，都有自己的固有周期或固有频率。

3. 简谐运动的图象

演示一：下面的木板不动，让砂摆振动。

观察现象：

1. 砂在木板上来回划出一条直线，说明振动物体仅仅只在平衡位置两侧来回运动，但由于各个不同时刻的位移在木板上留下的痕迹相互重叠而呈现为一条直线。

2. 砂子堆砌在一条直线上，堆砌的沙子堆，它的纵剖面是矩形吗？

砂子不是均匀分布的，中央部分（即平衡位置处）堆的少，在摆的两个静止点下方，砂子堆的多（如图 2），因为摆在平衡位置运动的最快。

图 2

讲解：质点做的是直线运动，但它每时刻的位移都有所不同。如何将不同时刻的位移分别显示出来呢？

演示二：让砂摆振动，同时沿着与振动垂直的方向匀速拉动摆下的长木板（即平板匀速抽动实验，如图 3 所示）。

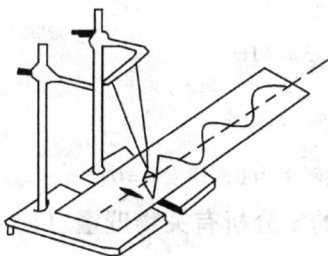

图 3

让学生观察现象：原先成一条直线的痕迹展开成一条曲线。

一、简谐运动图象

1. 图象（如图 4）。

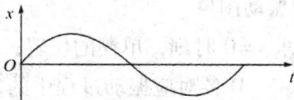

图 4

2. $x-t$ 图线是一条质点做简谐运动时，位移随时间变化的图象。

3. 振动图象的横坐标表示的是时间 t，因此，它不是质点运动的轨迹，质点只是在平衡位置的两侧来回做直线运动。

4. 振动图象是正弦曲线还是余弦曲线，这决定于 $t=0$ 时刻的选择。（提醒学生注意，$t=T/4$ 处，位移 x 最大，此时位移数值为振幅 A，在 $t=T/8$

处，$x=\dfrac{\sqrt{2}}{2}A=0.707A$。半周期的简谐运动曲线，不是半圆，也不是三角形。要强调图线为正弦曲线。）

二、简谐运动图象描述振动的物理量

1. 直接描述量：

①振幅 A；②周期 T；③任意时刻的位移 t。

2. 间接描述量：（请学生总结回答）

①频率 f：$f=\dfrac{1}{T}$

②角频率 ω：$\omega=\dfrac{2\pi}{T}$

③$x-t$ 图线上一点的切线的斜率等于 V。

例：求出上图振动物体的振动频率，角频率及 $t=5s$ 时的瞬时速度。（请同学计算并回答）

解：频率 $f=\dfrac{1}{T}=\dfrac{1}{4}=0.5\pi$（Hz）

解频率 $\omega=\dfrac{2\pi}{T}=\dfrac{2\pi}{4}=0.5\pi$（rad/s）

$t=5s$，$x=5cm$ 处曲线的斜率为 0，速度 $v=0$。

三、从振动图象中的 x 分析有关物理量（v，a，F）

简谐运动的特点是周期性。在回复力的作用下，物体的运动在空间上有往复性，即在平衡位置附近做往复的变加速（或变减速）运动；在时间上有周期性，即每经过一定时间，运动就要重复一次。我们能否利用振动图象来判断质点 x，F，v，a 的变化，它们变化的周期虽相等，但变化步调不同，只有真正理解振动图象的物理意义，才能进一步判断质点的运动情况。

例：图 6 所示为一单摆的振动图象。

分析：①求 A，f，ω；②求 $t=0$ 时刻，单摆的位置；③若规定单摆以偏离平衡位置向右为 +，求图中 O，A，B，C，D 各对应振动过程中的位置；④$t=1.5s$，对质点的 x，F，v，a 进行分析。

青少年应该知道的物理知识

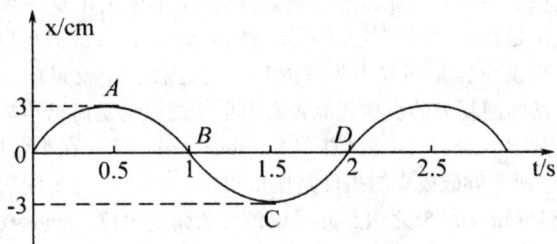

图6

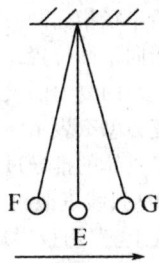

图7

找四位同学分别回答四个问题。

①由振动图象知 $A = 3cm$，$T = 2s$，

②$t = 0$ 时刻从振动图象看，$x = 0$，质点正摆在 E 点即将向 G 方向运动。

③振动图象中的 O，B，D 三时刻，$x = 0$，故摆都在 E 位置，A 为正的最大位移处，即 G 处，C 为负的最大位移处，即 F 处。

④$t = 1.5s$，$x = -3cm$，由 $F = -kx$，F 与 X 反向，$F \propto X$，由回复力 F 为正的最大值，$a \propto F$，并与 F 同向，所以 a 为正的最大值，C 点切线的斜率为零，速度为零。

由 $F = kx$，$F = ma$，分析可知：

1. $x > 0$，$F < 0$，$a < 0$；$x < 0$，$F > 0$，$a > 0$。

2. $x - t$ 图线上一点切线的斜率等于 v；$v - t$ 图线上一点切线的斜率等于 a。

3. x，v，a 的变化周期都相等，但它们变化的步调不同。

4. 单摆

钟摆类似于物理上的一种理想模型——单摆。我们就来分析一下单摆来解决以上的问题。

机械振动的两个必要条件，一是运动中物体所受阻力要足够小；二是物体离开平衡位置后，总是受到回复力的作用。对于第一个条件单摆是符合的，单摆绳要轻而长，球要小而重都是为了减少阻力；第二个条件说到回复力。

提问：单摆的回复力又由谁来提供？

答：单摆的回复力由绳的拉力和重力的合力来提供。

1. 单摆的回复力

要分析单摆回复力，先从单摆受力入手。单摆从 A 位置释放，沿 AOB 圆弧在平衡点 O 附近来回运动，以任一位置 C 为例，此时摆球受重力 G，拉力 T 作用，由于摆球沿圆弧运动，所以将重力分解成切线方向分力 G_1 和沿半径方向 G_2，悬线拉力 T 和 G_2 合

力必然沿半径指向圆心，提供了向心力。那么另一重力分力 G_1 不论是在 O 左侧还是右侧始终指向平衡位置，而且正是在 G_1 作用下摆球才能回到平衡位置。（此处可以再复习平衡位置与回复力的关系：平衡位置是回复力为零的位置。）因此 G_1 就是摆球的回复力。回复力怎么表示？由单摆的回复力的表达式能否看出单摆的振动是简谐运动？书上已给出了具体的推导过程，其中用到了两个近似：（1）$\sin\alpha \approx \alpha$；（2）在小角度下 AO 直线与 AO 弧线近似相等。这两个近似成立的条件是摆角很小，$\alpha < 5°$。（见附表，打印在投影片上。）由投影片我们可知 α 在 5° 之内，并且以弧度为角度单位，$\sin\alpha \approx \alpha$。

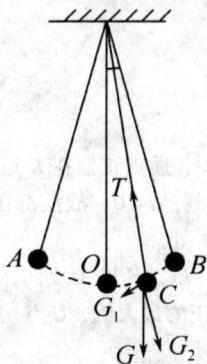

在分析了推导过程后，给出结论：$\alpha < 5°$ 的情况下，单摆的回复力为

大小 $F = kx$，$k = \dfrac{mg}{1}$；方向与位移方向相反。

满足简谐运动的条件，即物体在大小与位移大小成正比，方向与位移方向相反的回复力作用下的振动，为简谐运动。所以，当 $\alpha < 5°$ 时，单摆振动是一种简谐运动。

2. 单摆振动是简谐运动

特征：回复力大小与位移大小成正比，方向与位移方向相反。

但这个回复力的得到并不是无条件的，一定是在摆角 $\alpha < 5°$ 时，单摆振动回复力才具有这个特征。这也就是单摆振动是简谐运动的条件。

条件：摆角 $\alpha < 5°$。

3. 单摆的周期

摆球同步振动，说明单摆振动的周期和振幅无关。

且周期公式我们看到 T 与两个因素有关，当 g 一定，T 与 $\sqrt{L}$ 成正比；与 L 一定，T 与 $\sqrt{g}$ 成反比；L，g 都一定，T 就一定了，对应每一个单摆有一个大有周期 T，因为 $T = \dfrac{1}{f}$，也就是有一个固有频率 f。而且我们还可以根据这个周期公式测某地的重力加速度，由公式可知只要测出单摆的摆长、周期，就可以得到单摆所在地的重力加速度。

提问：由以上演示实验和周期公式，我们可知道周期与哪些因素有关，与哪些因素无关？

答：周期与摆长和重力加速度有关，而与振幅和质量无关。

单摆周期的这种与振幅无关的性质，叫做等时性。单摆的等时性是由伽利略首先发现的。（此处可以讲一下伽利略发现单摆等时性的小故事。）钟摆的摆动就具有这种性质，摆钟也是根据这个原理制成的，据说这种等时性最早是由伽利略从教堂的灯的摆动发现的。如果条件改变了，比如说（拿出摆钟展示）这个钟走得慢了，那么就要把摆长调整一下，应缩短 L，使 T 减小；如果这个钟在北京走得好好的，带到广州去会怎么样？由于广州 g 小于北京的 g 值，所以 T 变大，钟也会走慢；同样，把钟带到月球上钟也会变慢。

5. 受迫振动共振

1. 简谐运动的能量问题。

在不计阻力作用的情况下，总机械能保持不变。

在任何一位置上，动能和势能之和保持不变，都等于开始振动时的弹性势能，也就是系统的总机械能。

对于简谐运动，系统的机械能与振幅的平方成正比，即

$$E = \frac{1}{2}kA^2$$

其中 E 是振动系统的机械能，k 是简谐运动中回复力与位移的比例系数，A 是振幅，A 越大，E 越大。

简谐运动是一种理想化的振动，像弹簧振子和单摆那样，一旦提供振动系统一定的能量，由于机械能守恒，它们就要以一定的振幅永不停息地振动下去。可是实际上振动系统不可避免地要受到摩擦和其它阻力，那么摆球或弹簧振子的振动图象是什么样的呢？引导学生分析并画出图象（如图 2）：在实际情况中存在空气阻力或摩擦阻力，振动系统克服阻力做功，系统的能量就要损耗，振动的振幅也就会逐渐减小，甚至完全停下来。

振幅随时间减小的振动叫做阻尼振动。

这种周期性变化的外力叫驱动力。

在驱动力作用下物体的振动叫受迫振动。

问：受迫振动的频率跟什么有关呢？

让学生注意观察演示（图3）。用不同的转速匀速地转动把手，可以发现，开始振子的运动情况比较复杂，但达到稳定后，振子的运动就比较稳定，可以明显地观

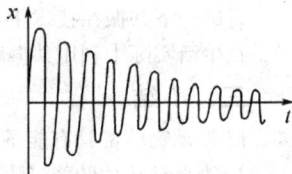

图 2

察到受迫振动的周期等于驱动力的周期。这样就可以得到物体做受迫振动的频率等于驱动力的频率，而跟振子的固有频率无关。

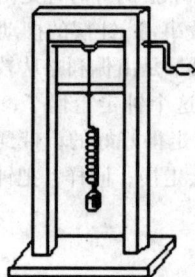

图3

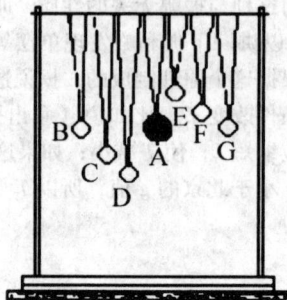

图4

问：受迫振动的振幅又跟什么有关呢？

演示摆的共振（装置如图4），在一根绷紧的绳上挂几个单摆，其中A、B、G球的摆长相等。当使A摆动起来后，A球的振动通过张紧的绳给其余各摆施加周期性的驱动力，经一段时间后，它们都会振动起来。驱动力的频率等于A摆的频率。实验发现，在A摆多次摆动后，各球都将以A球的频率振动起来，但振幅不同，固有频率与驱动力频率相等的B、G球的振幅最大，而频率与驱动力频率相差最大的D、E球的振幅最小。

明确指出：驱动力的频率跟物体的固有频率相等时，振幅最大，这种现象叫共振。

展示受迫振动的振幅随驱动力频率变化的关系投影片（如图5），并加以解释。

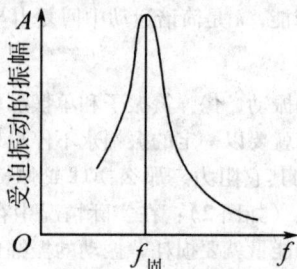

图5

讲解一下共振在技术上有其有利的一面，也存在不利的一面。结合课本让同学思考，在生活实际中利用共振和防止共振的实例。

三、小结

1. 振动物体都具有能量，能量的大小与振幅有关，振幅越大，振动能量也越大；
2. 当振动物体的能量逐渐减小时，振幅也随着减小，这样的振动叫阻尼振动；
3. 振幅保持不变的振动叫等幅振动；

4. 物体在驱动力作用下的振动是受迫振动，受迫振动的频率等于驱动力的频率；

5. 当驱动力的频率等于物体的固有频率时，受迫振动振幅最大的现象叫共振；共振在技术上有其有利的一面，也存在不利的一面；有利的要尽量利用，不利的要尽量防止。

第十章　机械波

1. 波的形成和传播

（一）波的形成条件

能够产生振动的物体或质点叫做波源。

介质就是传播机械振动的媒介物。

产生波的两个条件是：第一要有波源，第二要有介质，两者缺一不可。

（二）机械波的概念和产生原因。

机械波形成的原因是由于介质本身内部各质点间存在着相互作用力，即由介质内部的力学性质决定的。

机械波就是机械振动在介质中的传播过程。

（三）机械波的实质和特点。

机械波的特点：

a：介质中各质点只在各自平衡位置附近做机械振动，并不沿波的方向发生迁移。

b：沿波的传播方向，介质中各质点依次开始振动，距离波源愈近，愈先开始振动。

机械波的实质是：

a：传播振动的一种形式。

b：传递能量的一种方式，即依靠介质中各个质点间的相互作用力而使各相邻质点依次做机械振动来传递波源的能量。

（四）机械波的分类：

1. 横波：质点的振动方向与波的传播方向垂直的波，其中凸起部分的最高点叫波峰，凹下部分的最低点叫波谷。

2. 纵波：质点的振动方向与波的传播方向在同一直线上的波；其中质点分布较稀的部分叫疏部，质点分布较密的部分叫密部。

小结

本节课我们主要学习了：

1. 波是自然界一种常见的运动，知道了产生机械波的条件是波源和介质。

2. 机械波和机械振动是有区别的

机械振动在介质中的传播，形成机械波，有机械波一定有机械振动，有机械振动不一定有机械波。

3. 机械波形成时，介质中的质点只在各自的平衡位置附近振动，并不随波逐流。

4. 机械波分为横波和纵波，横波和纵波可以同时存在，例如地震波，既有横波，又有纵波。

机械波 {
概念——机械振动在介质中的传播
产生条件——①波源，②介质
分类——①横波，②介质
特点 {
①介质中的质点在各自的平衡位置附近振动，并不随波的传播而迁移。
②各质点在振动时有时间上的先后。
③机械波传播的是振动的形式和能量。
}
}

2. 波的图象

1. 波的图象的建立：

a：用横坐标 x 表示在波的传播方向上各个质点的平衡位置。

纵坐标 y 表示某一时刻各个质点偏离平衡位置的位移。

b：在坐标轴意义确定的情况下，规定横波中位移的方向向上时为正值。位移的方向向下时为负值，在 xOy 坐标平面上，画出各个质点的平衡位置 x 与各个质点偏离平衡位置的位移 y 的各个点（x，y），并把这些点连成曲线，就得到某一时刻的波的图象。

c：用多媒体分步描绘波的图象。

第一步：描出坐标轴。

第二步：描出各个质点的平衡位置 x 与各该质点偏离平衡位置的位移 y 的各个点（x，y）。

第三步：把上述点连成曲线。

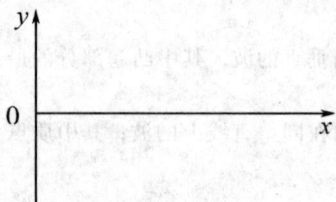

第一步

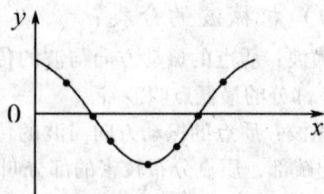

第二、三步

2. 图象的特点：

①横波的图象特点：

a. 用多媒体展示绳子中形成的横波及作出的横波的图象。

b 横波的图象的形状和波在传播过程中介质中各质点某时刻的分布形成相似。

c. 波形中的波峰也就是图象中的位移正向最大值，波谷即为图象中位移负向最大值。波形中通过平衡位置的质点在图象中也恰处于平衡位置。

②教师讲解图象的物理意义。

波的图象是振动在介质中传播过程中某一时刻的一幅"照片"，即表示在波的传播过程中各个质点在同一时刻偏离各自平衡位置的位移。

波的图象表示介质中的各个质点在同一时刻偏离各自平衡位置的情况。

3. 由波的图象可获取的信息：

①用多媒体出示一幅波的图象。

②学生讨论后总结可得到的信息：

a：可以直接看出该时刻沿传播方向上各个质点的位移：方法是：找到图线上各点的纵坐标，则该纵坐标的值表示的是各点在该时刻的位移。

b：可以看出在波的传播过程中介质中各质点的振幅 A。

方法是：波动图线上纵坐标最大值的绝对值就是介质中各质点的振幅 A。

c：教师讲解如何判断沿传播方向上各质点在该时刻的运动方向。

用多媒体展示一幅波的图象。

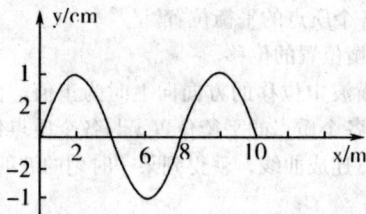

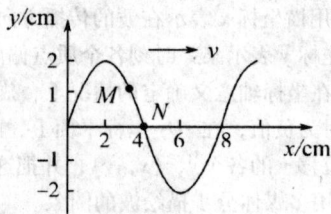

方法1：特殊点法：根据波的传播方向确定波源方位，把该点与其附近的波峰或波谷进行比较。

方法2：平移法：作出经微小时间 $\triangle t$ （ $\triangle t < \dfrac{T}{4}$ ）后的波形，就知道了各质点经过 $\triangle t$ 到达的位置，则运动方向就知道了。

小结

通过本节课的学习，我们学到了以下知识：

1：对于波的图象

①横坐标 x 表示在波的传播方向上各个质点的平衡位置。

②纵坐标 y 表示某一时刻各个质点偏离平衡位置的位移。

③波的图象的物理意义。

波的图象表示了一列波在某一时刻沿着波的传播方向上介质中各质点离开各自的平衡位置的位移情况。

2. 波的图象能反映出波的传播情况：

①可以直接看出在该时刻沿传播方向上各质点的位移。

②可以判断出沿传播方向上各质点在该时刻的运动方向。

③可以直接看出在波的传播过程中各介质各点的振幅 A 。

五、板书设计

波的图象
1. 图象
2. 图象的物理意义
3. 从图象上获得的信息
4. 与振动图象的区别

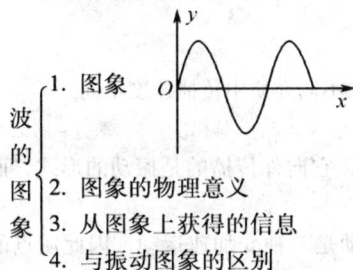

3. 波长频率和波速

（一）波长 λ

1. 波长 λ：在波动中对平衡位置的位移总是相等（包括大小和方向）的两相邻质点间的距离叫做波的波长。

2. 对波长定义的理解

（1）"位移总是相等"的含义是"每时每刻都大小相等，方向相同"。

（2）位移总是相等的两个质点速度也总是相等的。

（3）在横波中，两个相邻的波峰（或波谷）之间的距离等于波长，在纵波中，两

个相邻的密部（或疏部）之间的距离等于波长。

（4）在波的传播方向上（或平衡位置之间）相距 $\lambda/2$ 的两质点振动步调总是相反的。

一般地：相距 λ 整数倍两质点（同相质点）的振动步调总是相同的。在波的传播方向上相距 $\lambda/2$ 奇数倍的两质点（反相质点）振动步调总是相反的。

（二）周期（T）、频率（f）

在振源完成一次全振动的时间里，波完成一次周期性的波动。

1. 波的周期（或频率）：波源振动的周期（或频率）就是波的周期（或频率）

2. 波的周期（或频率）等于波源的振动周期（或频率）

3. 对波源振动周期与波的周期的理解

（1）波的周期由波源决定，同一列波在不同介质中传播时保持周期（或频率）不变。

（2）每经历一个周期的时间，原有的波形图不改变。

（三）波速（v）

1. 波速：反映振动在介质中传播的快慢程度、单位时间内振动所传播的距离叫波速。$v = \dfrac{s}{t}$

2. 波速的大小由介质的性质决定，同一列波在不同介质中传播速度不同

3. 对波速的理解：

（1）波在均匀介质中是匀速传播的，即 $s = vt$，它向外传播的是振动的形式，而不是将质点向外迁移。

（2）波速与质点的振动速度不同，质点的振动是一种变加速运动，因此质点的振动速度时刻在变。

（四）波长、周期（或频率）和波速的关系

1. 三者关系：$v = \dfrac{\lambda}{T}$ 或 $v = \lambda f$

2. 对三者关系的理解

（1）波速由介质决定，周期（或频率）由振源决定。当一列波从一种介质进入另一种介质传播时，周期（或频率）保持不变。但由于波速的变化而导致波长的变化。

（2）波速的计算既可用 $v = \dfrac{\lambda}{T}$（即 $v = \lambda f$）也可用 $v = \dfrac{s}{t}$。

（3）波速等于波长和频率的乘积这一关系虽从机械波得到，但对其他形式的波（电磁波、光波）也成立。

4. 多普勒效应

波源和观察者都是相对介质静止的，波源的频率和观察者感觉到的频率是相同的，若波源或观察者或它们两者均相对介质运动，则视察者感觉到的频率 f 和波源的真实频率 f 一般并不相同，这种现象称为多普勒效应。火车入站，笛声较高，火车出站，笛声较低，就是这种现象。

（一）多普勒效应

1. 现象：当火车向你驶来时，感觉音调变高；当火车离你远去时，感觉音调变低（音调由频率决定，频率高音调高；频率低音调低）。

2. 多普勒效应：由于波源和观察者之间有相对运动，使观察者感到频率变化的现象叫做多普勒效应。

3. 多普勒效应的成因：声源完成一次全振动，向外发出一个波长的波，频率表示单位时间内完成的全振动的次数，因此波源的频率等于单位时间内波源发出的完全波的个数，而观察者听到的声音的音调，是由观察者接收到的频率，即单位时间接收到的完全波的个数决定的。

波源和观察者间的相对运动跟观察者间接收到的频率关系。

（1）当波源和观察者相对介质都静止不动。即二者没有相对运动时：

单位时间内波源发出几个完全波，观察者在单位时间内就接收到几个完全波。观察者接收到的频率等于波源的频率。

（2）当波源和观察者有相对运动时，观察者接收到的频率会改变。

①波源相对介质不动，观察者朝波源运动时（或观察者不动，波源朝观察者运动时）观察者在单位时间内接收到的完全波的个数增多，即接收到的频率增大。

②波源相对介质不动，观察者远离波源运动时（或观察者不动，波源远离观察者运动时）观察者在单位时间内接收到的完全波的个数减少，即接收到的频率减小。

总之：当波源与观察者有相对运动时，如果二者相互接近，观察者接收到的频率增大；如果二者远离，观察者接收到的频率减小。

【注意】在多普勒效应中，波源的频率是不改变的，只是由于波源和观察者之间有相对运动，观察者感到频率发生了变化。

4. 多普勒效应是波动过程共有的特征，不仅机械波，电磁波和光波也会发生多普勒效应。

（二）多普勒效应的应用

1. 根据汽笛声判断火车的运动方向和快慢，以炮弹飞行的尖叫声判断炮弹的飞行方向等。

2. 红移现象：在 20 世纪初，科学家们发现许多星系的谱线有"红移现象"，所谓"红移现象"，就是整个光谱结构向光谱红色的一端偏移，这种现象可以用多普勒效应加以解释：由于星系远离我们运动，接收到的星光的频率变小，谱线就向频率变小（即波长变大）的红端移动。科学家从红移的大小还可以算出这种远离运动的速度。这种现象，是证明宇宙在膨胀的一个有力证据。

　　【小结】多普勒效应是指由于波源和观察者之间有相对运动，使观察者感到频率发生变化的现象，它是奥地利物理学家多普勒在 1842 年发现的。

青少年应该知道的物理知识

第十一章 分子热运动

1. 物质是由大量分子组成的

（一）热学内容简介

1. **热现象**：与温度有关的物理现象。如热胀冷缩、摩擦生热、水结冰、湿衣服晾干等都是热现象。

2. **热学的主要内容**：热传递、热膨胀、物态变化、固体、液体、气体的性质等。

3. **热学的基本理论**：由于热现象的本质是大量分子的无规则运动，因此研究热学的基本理论是分子动理论、量守恒规律。

（二）新课

1. 分子的大小。分子是看不见的，怎样能知道分子的大小呢？

（1）单分子油膜法是最粗略地说明分子大小的一种方法。

介绍并定性地演示：如果油在水面上尽可能地散开，可认为在水面上形成单分子油膜，可以通过幻灯观察到，并且利用已制好的方格透明胶片盖在水面上，用于测定油膜面积。如图 1 所示。

提问：已知一滴油的体积 V 和水面上油膜面积 S，那么这种油分子的直径是多少？

①介绍数量级这个数学名词，一些数据太大，或很小，为了书写方便，习惯上用科学记数法写成 10 的乘方数，如 3×10^{-10} m。我们把 10 的乘方数叫做数量级，那么 1×10^{-10} m 和 9×10^{-10} m，数量级都是 10^{-10} m。

②如果分子直径为 d，油滴体积是 V，油膜面积为 S，则 $d = V/S$，根据估算得出分子直径的数量级为 10^{-10} m。

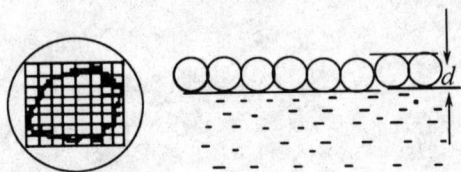

图1

（2）利用离子显微镜测定分子的直径。

看物理课本上彩色插图，钨针的尖端原子分布的图样：插图的中心部分亮点直接反映钨原子排列情况。经过计算得出钨原子之间的距离是 2×10^{-10} m。如果设想钨原子是一个挨着一个排列的话，那么钨原子之间的距离 L 就等于钨原子的直径 d，如图2所示。

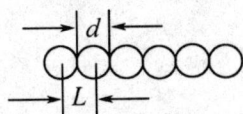

图2

（3）物理学中还有其他不同方法来测量分子的大小，用不同方法测量出分子的大小并不完全相同，但是数量级是相同的。测量结果表明，一般分子直径的数量级是 10^{-10} m。例如水分子直径是 4×10^{-10} m，氢分子直径是 2.3×10^{-10} m。

（4）指出认为分子是小球形是一种近似模型，是简化地处理问题，实际分子结构很复杂，但通过估算分子大小的数量级，对分子的大小有了较深入的认识。

2. 阿伏伽德罗常数

在化学课上学过的阿伏伽德罗常数是什么意义？数值是多少？明确 1mol 物质中含有的微粒数（包括原子数、分子数、离子数……）都相同。此数叫阿伏伽德罗常数，可用符号 N_A 表示此常数，$N_A = 6.02 \times 10^{23}$ 个/mol，粗略计算可用 $N_A = 6 \times 10^{23}$ 个/mol。（阿伏伽德罗常数是一个基本常数，科学工作者不断用各种方法测量它，以期得到它精确的数值。）

摩尔质量、摩尔体积的意义。

如果已经知道分子的大小，不难粗略算出阿伏伽德罗常数。例如，1mol 水的质量是 0.018kg，体积是 1.8×10^{-5} m³。每个水分子的直径是 4×10^{-10} m，它的体积是（4×10^{-10}）m³ $= 3 \times 10^{-29}$ m³。如果设想水分子是一个挨着一个排列的。

提问：如何算出 1mol 水中所含的水分子数？

回答：$N_A = \dfrac{1\text{mol 水的体积}}{\text{水分子体积}} = \dfrac{1.8 \times 10^{-5}}{3 \times 10^{-29}} = 6 \times 10^{23}$（个/mol）。

3. 微观物理量的估算

若已知阿伏伽德罗常数，可对液体、固体的分子大小进行估算。事先我们假定近似地认为液体和固体的分子是一个挨一个排列的（气体不能这样假设）。

提问：1mol 水的质量是 $M = 18g$，那么每个水分子质量如何求？

回答：一个水分子质量 $m_0 = \dfrac{M}{N_A} = \dfrac{1.8 \times 10^{-2}}{6 \times 10^{23}} = 3 \times 10^{-26}$（kg）。

提问：若已知铁的相对原子质量是 56，铁的密度是 $7.8 \times 10^3 \text{kg/m}^3$，试求质量是 1g 的铁块中铁原子的数目（取 1 位有效数字）。又问：是否可以计算出铁原子的直径是多少来？

回答：1g 铁的物质量是 $\dfrac{1}{56}$mol，其中铁原子的数目是 n，

$n = \dfrac{1}{56} \times 6 \times 10^{23}$（个）$\approx 1 \times 10^{-7}$（m³）

1 个铁原子的体积是 $V = \dfrac{V}{n} = \dfrac{1 \times 10^{-7}}{1 \times 10^{22}} = 1 \times 10^{-29}$（m³），

铁原子的直径 $d = \sqrt[3]{\dfrac{6V_1}{\pi}} = \sqrt[3]{2 \times 10^{-29}} \approx 3 \times 10^{-10}$（m）

归纳总结：以上计算分子的数量、分子的直径，都需要借助于阿伏伽德罗常数。因此可以说，阿伏伽德罗常数是联系微观世界和宏观世界的桥梁。它把摩尔质量、摩尔体积等这些宏观量与分子质量、分子体积（直径）等这些微观量联系起来。

阿伏伽德罗常数是自然科学的一个重要常数（曾经学过的万有引力常量也是一个重要常数）。物理常数是物理世界客观规律的反映。一百多年来，物理学家想出各种办法来测量它，不断地努力，使用一次比一次更精确的测量方法。现在测定它的精确值是 $N_A = 6.022045 \times 10^{23}/\text{mol}$。

2. 分子的热运动

1. 介绍布朗运动现象

1827 年英国植物学家布朗用显微镜观察悬浮在水中的花粉，发现花粉颗粒在水中不停地做无规则运动，后来把颗粒的这种无规则运动叫做布朗运动。不只是花粉，其他的物质如藤黄、墨汁中的炭粒，这些小微粒悬浮在水中都有布朗运动存在。

介绍显微镜下如何观察布朗运动。在载物玻璃上的凹槽内用滴管滴入几滴有藤黄的水滴，将盖玻璃盖上，放在显微镜载物台上，然后通过显微镜观察，在视场中看到大大小小的许多颗粒，仔细观察其中某一个很小的颗粒，会发现在不停地活动，很像是水中的小鱼虫的运动。将一台显微镜放在讲台上，然后让用显微摄像头拍摄布朗运动，经过电脑在大屏幕上显示投影成像，让全体学生观察，最好教师用教鞭指一个颗粒在屏幕上

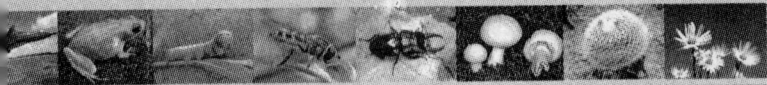

的位置，以此点为参考点，让学生看这颗微粒以后的一些时间内对参考点运动情况。

让学生看教科书上图，图上画的几个布朗颗粒运动的路线，指出这不是布朗微粒运动的轨迹，它只是每隔30s观察到的位置的一些连线。实际上在这短短的30s内微粒运动也极不规则，绝不是直线运动。

2. 介绍布朗运动的几个特点

（1）连续观察布朗运动，发现在多天甚至几个月时间内，只要液体不干涸，就看不到这种运动停下来。这种布朗运动不分白天和黑夜，不分夏天和冬天（只要悬浮液不冰冻），永远在运动着。所以说，这种布朗运动是永不停息的。

（2）换不同种类悬浮颗粒，如花粉、藤黄、墨汁中的炭粒等都存在布朗运动，说明布朗运动不取决于颗粒本身。更换不同种类液体，都存在布朗运动。

（3）悬浮的颗粒越小，布朗运动越明显。颗粒大了，布朗运动不明显，甚至观察不到运动。

（4）布朗运动随着温度的升高而愈加激烈。

3. 分析、解释布朗运动的原因

（1）布朗运动不是由外界因素影响产生的，所谓外界因素的影响，是指存在温度差、压强差、液体振动等等。

（2）布朗运动是悬浮在液体中的微小颗粒受到液体各个方向液体分子撞击作用不平衡造成的。

显微镜下看到的是固体的微小悬浮颗粒，液体分子是看不到的，因为液体分子太小。但液体中许许多多做无规则运动的分子不断地撞击微小悬浮颗粒，当微小颗粒足够小时，它受到来自各个方向的液体分子的撞击作用是不平衡的。

悬浮在液体中的颗粒越小，在某一瞬间跟它相撞击的分子数越少。布朗运动微粒大小在 10^{-6} m 数量级，液体分子大小在 10^{-10} m 数量级，撞击作用的不平衡性就表现得越明显，因此，布朗运动越明显。悬浮在液体中的微粒越大，在某一瞬间跟它相撞击的分子越多，撞击作用的不平衡性就表现得越不明显，以至可以认为撞击作用互相平衡，因此布朗运动不明显，甚至观察不到。

液体温度越高，分子做无规则运动越激烈，撞击微小颗粒的作用就越激烈，而且撞击次数也加大，造成布朗运动越激烈。

4. 总结：

（1）固体颗粒是由大量分子组成的，仍然是宏观物体；显微镜下看到的只是固体微小颗粒，光学显微镜是看不到分子的；布朗运动不是固体颗粒中分子的运动，也不是液体分子的无规则运动，而是悬浮在液体中的固体颗粒的无规则运动。无规则运动的原因是液体分子对它无规则撞击的不平衡性。因此，布朗运动间接地证实了液体分子的无规则运动。

（2）布朗运动随温度升高而愈加激烈，在扩散现象中，也是温度越高，扩散进行的越快，而这两种现象都是分子无规则运动的反映。这说明分子的无规则运动与温度有关，温度越高，分子无规则运动越激烈。所以通常把分子的这种无规则运动叫做热运动。

3. 分子间的相互作用力

（1）演示实验：

①长玻璃管内，分别注入水和酒精，混合后总体积减小。

②U形管两臂内盛有一定量的水（不注满水），将右管端橡皮塞堵住，左管继续注入水，右管水面上的空气被压缩。

说明气体、液体的内部分子之间是有空隙的。钢铁这样坚固的固体的分子之间也有空隙，有人用两万标准大气压的压强压缩钢筒内的油，发现油可以透过筒壁溢出。

布朗运动和扩散现象不但说明分子不停地做无规则运动，同时也说明分子间有空隙，否则分子便不能运动了。

（2）一方面分子间有空隙，另一方面，固体、液体内大量分子却能聚集在一起形成固定的形状或固定的体积，这两方面的事实，使我们推理出分子之间一定存在着相互吸引力。

（3）演示实验：两个圆柱体形铅块，当把端面刮平后，让它们端面紧压在一起，合起来后，它们不分开，而且悬挂起来后，下面还可以吊起一定量的重物。

还有平时人们用力拉伸物体时，为什么不易拉断物体。

（4）以上所有实验事实都说明分子之间存在着相互吸引力。

2. 根据已知的实验事实，推理得出分子之间还存在着斥力。

固体和液体很难被压缩，即使气体压缩到了一定程度后再压缩也是很困难的；用力压缩固体（或液体、气体）时，物体内会产生反抗压缩的弹力。这些事实都是分子之间存在斥力的表现。

运用反证法推理，如果分子之间只存在着引力，分子之间又存在着空隙，那么物体内部分子都吸引到一起，造成所有物体都是很紧密的物质。但事实不是这样的，说明必然还有斥力存在着。

3. 分子间引力和斥力的大小跟分子间距离的关系。

（1）经过研究发现分子之间的引力和斥力都随分子间距离增大而减小。但是分子间斥力随分子间距离加大而减小得更快些，如图1中两条虚线所示。

（2）由于分子间同时存在引力和斥力，两种力的合力又叫做分子力。在图1图象中实线曲线表示引力和斥力的合力（即分子力）随距离变化的情况。当两个分子间距在图象横坐标 r_0 距离时，分子间的引力与斥力平衡，分子间作用力为零，r_0 的数量级为 10^{-10} m，相当于 r_0 位置叫做平衡位置。

　　分子间距离当 $r < r_0$ 时，分子间引力和斥力都随距离减小而增大，但斥力增加得更快，因此分子间作用力表现为斥力。展示幻灯片图2。当 $r > r_0$ 时，引力和斥力都随距离的增大而减小，但是斥力减小的更快，因而分子间的作用力表现为引力，但它也随距离增大而迅速减小，当分子距离的数量级大于 10^{-9} m 时，分子间的作用力变得十分微弱，可以忽略不计了。在图2中表示分子间距离 r 不同的三种情况下，分子间引力斥力大小的情况。

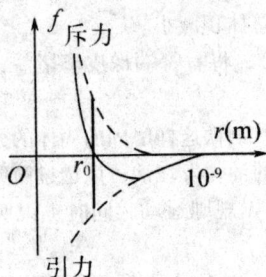

图 1

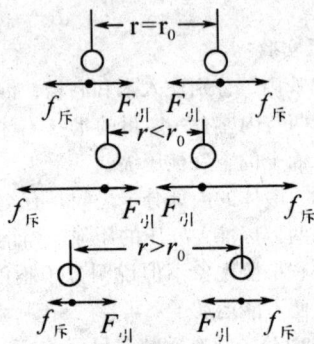

图 2

　　4. 固体、液体和气体的分子运动情况。

　　分子动理论告诉我们物体中的分子永不停息地做无规则运动，它们之间又存在着相互作用力。分子力的作用要使分子聚集起来，而分子的无规则运动又要使它们分散开来。由于这两种相反因素的作用结果，有固体、液体和气体三种不同的物质状态。

　　（1）提问：固体与液体、气体比较有什么特征？

　　总结学生回答的结果，说明固体为什么有一定的形状和体积呢？因为在固体中，分子间距离较近，数量级在 10^{-10} m，分子之间作用力很大，绝大部分分子只能在各自平衡位置附近做无规则的振动。

　　（2）液体分子运动情况。

　　固体受热温度升高，最终熔化为液体，对大多数物质来说，其体积增加10%，也就是说分子之间距离大约增加3%。因此，液体分子之间作用力很接近固体情况，分子间有较强的作用力，分子无规则运动主要表现为在平衡位置附近振动。但由于分子间距离有所增加，使分子也存在移动性，所以液体在宏观上有一定的体积，而又有流动性，没有固定的形状。

　　（3）液体汽化时体积扩大为原来的1000倍，说明分子间距离约增

　　加为原来 $\sqrt[3]{1000}$，即10倍。因此气体分子间距离数量级在 10^{-9} m，分子间除碰撞时有相互作用力外，彼此之间一般几乎没有分子作用力，分子在两次碰撞之间是自由移动的。所以气体在宏观上表现出没有一定的体积形状，可以充满任何一种容器。

青少年应该知道的物理知识

4. 物体的内能量

1. 分子动能

（1）组成物质的分子总在不停地运动着，所以运动着的分子具有动能，叫做分子动能。

分子运动是杂乱无章的，在同一时刻，同一物体内的分子运动方向不相同，分子的运动速率也不相同。

分子速率分布特点——在同一时刻有的分子速率大，有的分子速率小，从大量分子总体来看，速率很大和速率很小的分子是少数，大多数分子是中等大小的速率。

教师进一步指出：由于分子速率不同，所以每个分子的动能也不同。对于热现象的研究来说，每个分子的动能是毫无意义的，而有意义的是物体内所有分子动能的平均值，此平均值叫做分子的平均动能。

由此可见，温度是物体分子平均动能的标志。

2. 分子势能

（1）根据复习提问的回答（地面上的物体与地球之间有相互作用力；发生了形变的弹簧各部分间存在着相互作用力，因此在它们的相对位置发生变化时，它们之间便具有势能）说明分子间也存在着相互作用力，所以分子也具有由它们相对位置所决定的能，称之为分子势能。

（2）分子势能与分子间距离的关系。

提问：分子力与分子间距离有什么关系？

应答：当 $r = r_0$ 时，$F = 0$，$r < r_0$ 时，F 为斥力，$r > r_0$ 时，F 为引力。

指出：由于分子间既有引力又有斥力，好象弹簧形变有伸长或压缩两种情况，因此分子势能与分子间距离也分两种情况。

①当 $r > r_0$ 时，F 为引力，分子势能随着 r 的增大而增加。此种情况与弹簧被拉长弹性势能的增加很相似。

②当 $r < r_0$ 时，F 为斥力，分子势能随着 r 的减小而增加。此种情况与弹簧被压缩时弹性势能的增加很相似。

小结：分子势能随着分子间距离变化而变化，而组成物体的大量分子间距离若增大（减小）则宏观表现为物体体积增大（减小）。可见分子势能跟物体体积有关。

3. 物体的内能

教师指出：物体里所有的分子动能和势能的总和叫做物体的内能。由此可知一切物体都具有内能。

①物体的内能是由它的状态决定的（状态是指温度、体积、物态等）。

提问：对于质量相等、温度都是100℃的水和水蒸气来说它们的内能相同吗？

应答，质量相等意味着它们的分子数相同，温度相等意味着它们的平均动能相同，但由于水蒸气分子间平均距离比水分子间平均距离大得多，分子势能也大得多，因而质量相等的水蒸气的内能比水大。

②物体的状态发生变化时，物体的内能也随着变化。

举例说明：当水沸腾时，水的温度保持不变，所供给的大量能用于把分子拉开，增大了分子势能，因而增大了物体的内能，当水汽凝结时，分子动能没有明显变化，但分子靠得更紧密了，分子势能便减小了，因此物体的内能减小了。

③物体的内能是不同于机械能的另一种形式的能。

a. 静止在地面上的物体以地球为参照物，物体的机械能等于0，但物体内部的分子仍然在不停地运动着和相互作用着，物体的内能永远不能为0。

b. 物体在具有一定的内能时，也可以具有一定的机械能。如飞行的子弹。

c. 不能把物体的机械能和物体的内能混淆。只要物体的温度、体积、物态不变，不论物体的机械能怎样变化其内能仍保持不变。反之，尽管物体的内能在变化，它的机械能可以保持不变。

4. 改变内能的两种方式

做功和热传递。

小结：以上说明做功和热传递在改变物体内能上可以收到相同的效果。

5. 分析做功是通过物体的宏观位移来完成的，所起的作用是物体的有规则运动跟系统内分子无规则运动之间的转换，从而改变物体内能。

热传递是通过分子之间的相互作用来完成的。所起的作用是系统以外物体的分子无规则运动跟系统内部分子无规则运动之间的转移，从而改变物体的内能。

由此可见，它们的区别也就是做功使物体内能的改变是其他形式的能和内能的转化，热传递则是物体间内能的转移。

5. 热力学第一定律能量守恒定律

1. 热力学第一定律

$\triangle U = W + Q$

1. 外界对物体做功，物体的内能增加；物体对外界做功，物体的内能减少。

2. 物体吸热，物体的内能增加；物体放热，物体的内能减少。

3. 外界对物体做功 W 为正，物体对外做功 W 为负；物体吸热 Q 为正，物体放热 Q 为负；物体内能增加 $\triangle U$ 为正，物体内能减少 $\triangle U$ 为负。

4. $\triangle U = W + Q$

这就是热力学第一定律，它表示了功、热量跟内能改变之间的定量关系。

例1：一定量的气体从外界吸收了 $2.6 \times 10^5 J$ 的热量，内能增加了 $4.2 \times 10^5 J$。是气体对外界做了功，还是外界对气体做了功？做了多少焦耳的功？如果气体吸收的热量仍为 $2.6 \times 10^5 J$ 不变，但是内能只增加了 $1.6 \times 10^5 J$，这一过程做功情况怎样？

解：根据题意得出：

$Q = 2.6 \times 10^5 J$，$\triangle U = 4.2 \times 10^5 J$，求：$W = ?$

根据 $\triangle U = W + Q$ 代入可得：$4.2 \times 10^5 J = W + 2.6 \times 10^5 J$

$W = 1.6 \times 10^5 J$

W 为正值，外界对气体做功，做了 $1.6 \times 10^5 J$ 功。

第二问中：$Q' = 2.6 \times 10^5 J$，$\triangle U' = 1.6 \times 10^5 J$，计算结果 $W' = -1.0 \times 10^5 J$。

这说明气体对外界做功（气体体积变大），做了 $1.0 \times 10^5 J$。

让同学们观看柴油机模型，用热力学第一定律解释柴油机正常工作时压燃的原理。

活塞压缩气体，活塞对气体做功，由于时间很短，散热可以不计，机械能转化为气体的内能，温度升高，达到柴油燃点，可"点燃"柴油。

做功和热传递都能使物体的内能改变，能量在转化的过程中守恒，不仅机械能，其它形式的能也可以与内能相互转化，如电流通过电炉子发热，电能转化为内能（演示电炉子）；燃料燃烧生热，化学能转化为内能。实验证明：在这些转化过程中，能量都是守恒的。由此引发了我们更深刻的思考。

例2　如图中 ABCD 是一条长轨道，其中 AB 段是倾角为 θ 的斜面，CD 段是水平的。BC 是与 AB 和 CD 都相切的一小段圆弧，其长度可略去不计。一质量为 m 的小滑块在 A 点从静止状态释放，沿轨道滑下，最后停在 D 点，A 点和 D 点的位置如图所示。现用一沿着轨道方向的力推滑块，使它缓慢地由 D 点推回到 A 点时停下。设滑块与轨道间的动摩擦因数为 μ，则推力对滑块做的功等于（　　）

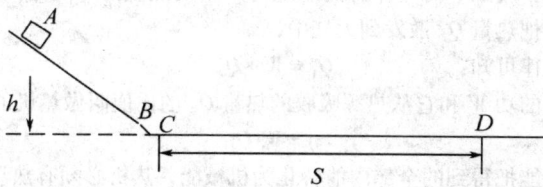

A. mgh　　　B. $2mgh$　　　C. $\mu mg\ (s + h/\sin\theta)$　　　D. $\mu mgs + \mu mgh\cot\theta$

6. 热力学第二定律

一、热传导的方向性

热量从温度高的物体自发地传给温度低的物体。

例如：雪花落在手上就融化，挨着火炉就温暖等等。

反问：大家是否想过热量为什么不会自发地从低温物体传给高温物体，使低温物体的温度越来越低，高温物体的温度越来越高。这里所说的"自发地"，指的是没有任何外界的影响或帮助。学生思考讨论一会后，有的同学可能产生疑问：电冰箱内部的温度比外部低，为什么致冷系统还能够不断地把冰箱内的热量传给外界的空气？

事前我们让大家观察自家的电冰箱，请同学做简要的回答，教师进行点拨。然后，展示电冰箱模型给学生简要讲解。

这是因为电冰箱消耗了电能，对致冷系统做了功。一旦切断电源，电冰箱就不能把其内部的热量传给外界的空气了。相反，外界的热量会自发地传给电冰箱，使其温度逐渐升高。

学生总结：

热传导的方向性：两个温度不同的物体相互接触时，热量会自发地从高温物体传给低温物体。要实现相反过程，必须借助外界的帮助，因而产生其他影响或引起其他变化。

二、第二类永动机

前面我们学习了第一类永动机，不能制成的原因是什么？（违背了能量守恒），什么是第二类永动机呢？

学生看书，并思考讨论下列问题：

1. 热机是一种把内能转化成机械能的装置
2. 热机的效率不能达到100%

原因分析：

以内燃机为例，气缸中的气体得到燃烧时产生的热量为 Q_1，推动活塞做工 W，然后排出废气，同时把热量 Q_2 散发到大气中，

由能量守恒定律可知：
$$Q_1 = W + Q_2$$

我们把热机做的功 W 和它从热源吸收的热量 Q_1 的比值叫做热机的效率，用表示

$$\eta = W/Q_1$$

实际上热机不能把得到的全部内能转化为机械能，热机必须有热源和冷凝器，热机工作时，总要向冷凝器散热，不可避免的要由工作物质带走一部分热量 Q_2，所以有：

$$Q_1 > W$$

因此，热机的效率不可能达到100%，汽车上的汽油机械效率只有20%~30%，蒸汽轮机的效率比较高，也只能达到60%，即使是理想热机，没有摩擦，也没有漏气等能量损失，它也不可能把吸收的热量百分之百的转化成机械能，总要有一部分散发到冷凝器中。

3. 能从单一热源吸收热量，然后全部用来做功，而不引起其他变化的机器，称为第二类永动机。

第二类永动机并不违反能量守恒定律，人们为了制造出第二类永动机作出了各种努

力，但同制造第一类永动机一样，都失败了。

为什么第二类永动机不可能制成呢？

因为机械能和内能的转化过程具有方向性。

4. 机械能全部转化成内能，内能却不能全部转化为机械能，同时不引起其他变化。

三、热力学第二定律

①气体的扩散现象

②书上连通器的小实验×（气体向其中膨胀）

热力学第二定律的两种表述

表述一：不可能使热量由低温物体传递到高温物体，而不引起其他变化

（按照热传递的方向性来表述的）

表述二：不可能从单一热源吸收热量并把它全部用来做功，而不引起其他变化。也可表述为第二类永动机是不可能制成的。（机械能与内能转化具有方向性）

这两种表述是等价的，可以从一种表述导出另一种表述，所以他们都称为热力学第二定律。

热力学第二定律揭示了有大量分子参与的宏观过程的方向性。（自然界中进行的涉及热现象的宏观过程都具有方向性）

四、能量耗散

（设疑）既然自然界中的能量是守恒的，为什么还要节约能源呢？因为有的能量可以利用有的能量不便于利用。

举例说明：流动的水带动水磨做功

电池中的化学能转变成电能，电能又在灯泡中转变成光能

火炉把屋子烧暖等

学生总结：流散的内能无法重新收集起来加以利用的现象，称为能量耗散

能量耗散是从能量转化的角度反映出自然界中宏观过程具有方向性。

【板书】

五、绝对零度不可达到

宇宙中存在着温度的下限：−273.15℃，以这个下限为起点的温度叫做热力学温度，用 T，单位是开尔文，符号是 K，热力学温度 T 同摄氏温度 t 的换算关系是：$T = t + 273.15K$

一些实际的温度值（投影仪显示此表或让学生看书上的表）

学生分析此表，并结合课本可以知道，实验室中的低温已经非常接近热力学零度了（也称绝对零度）

对大量事实的分析表明：热力学零度不可达到。这个结论称做热力学第三定律。

尽管热力学零度不可能达到，但是只要温度不是绝对零度就总有可能降低。因此，热力学第三定律不阻止人们想办法尽可能地接近绝对零度。

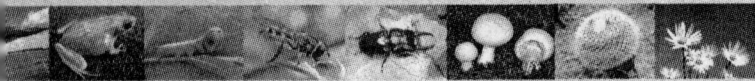

7. 能源环境

热力学第二定律告诉我们，很多与热现象有关的物理过程都是不可逆的。涉及内能的能量转化过程具有方向性，这在上一节已经提到过了。在本节，我们讨论这种方向性的现实意义。

一、能源

一段木料燃烧后化为灰烬，能够释放给我们所需要的能量。然而，灰烬却不能立即被合成而成为一段木料。但是，我们至少可以将灰烬作为肥料施在一颗小树苗上，促成它长成一段未来的木料，以供人类（可能是种树、施肥者的子孙，也可能是别人的子孙）再次燃烧。

在这一人与资源的交互行为中，我们会发现，首先，能量转化的方向性并没有被破坏，也就是说，热力学第二定律仍被得到尊重。其次，这将形成了一个循环，因为只要时间足够，让树苗成长成为木料的数目大于我们燃烧木料的数目，它就不会破坏需求与资源的动态平衡关系。其三，在这个循环中，必须要有第三者参与——如果没有太阳的光合作用，循环就终止了——所以人与资源（树木）之间并不是"今天你给我，明天我还给你"的关系（我们与其说在燃烧树木，还不如说是在利用储存的太阳能）。其四，这种循环还有一种隐忧，那就是：灰烬"成为"树木的速度要远远小于树木变成灰烬的速度，表面的平衡是以内部数量上的不平衡为代价的。

以上的四点中，第三点事实上已经决定了循环"返回"过程的速度（不能由人类操控），第二点和第四点则意味着人类的行为、世界观对"平衡"能否被破坏有着直接的关系。

在工业化时代到来之前，人们过着田园牧歌式的生活，没有电器、没有汽车、没有空调，人类使用大自然的资源只是为了满足最基本的生活需求，因此，这种"平衡"没有被破坏。

随着工业化时代的到来，这种状况立即显现出危机，循环就要被终止了。于是，人们想到了地底下的资源：煤和石油。他们提供的能量很有用，燃烧的速度和效能和木材相差无几。但是，形成煤和石油的速度比长成树木的速度，就不能同日而语了！可以这样说，人们自从使用煤的第一天起，就没有想到一个可能形成循环的问题，更不用说什么平衡了。所以，煤和石油事实上是一种坐吃山空的资源：我们今天用得越多，我们的子孙将来可以使用的就越少。

在不久的将来，人们用完了所有的煤和石油，会怎么办？这是一个令社会学家睡不安枕的问题。

然而，经济学家们却不这样看。经济学教授给学生们讲课，出了这样一个题目：地

底下现有石油储量 X 吨，近五年的开采量是 Y 吨/年，请预测石油将在多少年后被开采完？有的学生开始用计算器摁键：$X/Y = \cdots$ 这样的学生被认为是经济学的盲者。教授的观点是：永远也开采不完。因为，随着石油储量的减少，开采的成本会加大，成本大于销售价格时，市场规律决定了人们在也不会去开采石油了。此时石油存在事实已经失去了利用价值，任它在地底下沉睡多少年也和我们没有关系了。

那么人们会使用什么能源呢？巨大的市场潜力和利润空间将驱使人们去研究一种石油的替代品。因此，能源的危机也就解决了。

是社会学家们悲天悯人，还是经济学家们盲目乐观？这需要我们冷静地去判断。至少，以下的一些事实可以显示，这两派观点都有一定的道理——

世界上石油储量最大的中东地区一直是发达国家关注的焦点，外交、军事莫不围绕着这片从地表上看毫无魅力的区域打转。世界警察（美国）和他的随从们最愿意去管中东的事情：两次海湾战争、伊拉克战争等等…说明能量消耗巨大的富国们对石油的心痛程度。

令以一方面，"替代品"——新能源的研发、形式层出不穷。

1. 水能：水作为能量的载体，被太阳能驱动地球上三栖（水、陆、空）循环。地表水的流动时，在落差大、流量大的地区，形成可利用的水能资源。目前世界上水力发电还处于起步阶段。

2. 海洋能：由于地球受月球和太阳引力的周期性不均衡，海水发生非气候性的涨潮和落潮现象，形成潮汐。潮汐蕴含着巨大能量，既可以用来推动机械装置，又可以用来发电。

此外，由于海水表层和深层间的存在很大的温差，利用这种温差也可以发电（*因为水的沸点与气压有关，如果建造一个装置，用抽真空的方法使表层的海水在 20 摄氏度时汽化，并推动汽轮机，再将深层的冷水提上来使蒸汽冷却，如此周而复始，就可以发电了。除这种方法外，还可以用低沸点的流体如丙烷和氨来作为热机的工作介质）。法国已经建成了世界上第一座温差发电站，发电容量为 14,000 kW。

3. 风能：利用风的机械能发电，风能是一种重要的自然能源。据有关专家估算，在全球边界层内的总能量为 1.3×10^{15} 瓦，一年中约为 1.4×10^{16} 千瓦时电力的能量，相当于目前全世界每年所燃烧能量的 3000 倍。其中 1/10 为可取用的极限量。

风能的优点是：总能量巨大，利用简单、无污染、可再生。缺点是：能量密度低（当流速同为 3 米/秒时，风力的能量密度仅为水力的 1/1000）、不稳定性大，连续性、可靠性差，时空分布不均匀。

4. 生物质能：利用厌氧微生物在密闭条件下分解（废弃）有机物，产生沼气，沼气具有很高的热值，燃烧后生成二氧化碳和水，不污染空气，不危害农作物和人畜健康。生成沼气的原料本身就是各种废弃物，生产过程可以减少（有机物）垃圾的数量。

在农村到处可以看到许多生物质的废弃物，如人畜粪便、秸秆、杂草和不能食用的果蔬，等等。将这些废弃物收集起来，经过细菌发酵可以产生沼气，用沼气做燃料和照

明，也可以发电。

5. 太阳能：太阳能是一种可广泛利用的清洁能源。我们目前的利用方式主要是两种：

一是将阳光聚焦，将光能转化为热能（传说阿基米德就曾经利用聚光镜反射阳光，烧毁了来犯的敌舰）。在日照充分的地方，人们在生产和生活中已大量使用太阳灶、干燥器和太阳能热水器（太阳能热水器的构造要简单的多。因为不需要它产生太高的温度。在大多数情况下，可以将太阳能热水器的集热器制成箱式、蛇型管式、直管式、平板式或枕式，通过管道与水源和储水箱相连。太阳能热水器在我国北方比较常见）。

二是将太阳能转化为化学能，再用化学能发电。比较常见的光电池是硅电池（它能将 13% −20% 的日光能转化为电能）。许多电子计算器和其他小型电子仪器现在已经采用太阳能电池供电，人造卫星和宇宙飞船更是主要依靠太阳能电池来提供电力。

但是阳光在达到地面以前要经过大气的反射、散射和吸收，能量损失较大，加上阴天、昼夜变化和雨雪等降水过程的影响，目前地面上利用日光发电受到一定限制。

无论是生物质能、风能，还是水力、温差和潮汐能，归根结底都是太阳能的转化形式。即使矿物燃料，也是通过生物的化石形式保存下来的亿万年以前的太阳能。

6. 地热能：用地热采暖、将地热用于农业、水产养殖业、工业生产等，在全世界范围内受到关注。（从直接利用地热的规模来说，最常用的是地热水淋浴，占总利用量的 1/3 以上，其次是地热水养殖和种植约占 20%，地热采暖约占 13%，地热能工业利用约占 2%）。

利用地热能，占地很少，无废渣、粉尘污染，用后的弃（尾）水既可综合利用，又可回注到地下储层，达到增加压力、保护储层、保护地热资源的双重目的。＊据美国地热资源委员会（GRC）1990 年的调查，世界上 18 个国家有地热发电，总装机容量 5827.55 兆瓦，装机容量在 100 兆瓦以上的国家有美国、菲律宾、墨西哥、意大利、新西兰、日本和印尼。我国的地热资源也很丰富，但开发利用程度很低。主要分布在云南、西藏、河北等省区。除以上利用外，从热水中还可提取盐类、有益化学组分和硫磺等。

7. 核能：铀在自然界中有三种放射性同位素：U^{235}、U^{238}、U^{234}，在衰变过程中放出热量。在军事上铀主要用来制造核武器和核动力燃料。铀的和平用途十分广泛，其中最主要的是用作核电反应堆的燃料。

由于核电具有发电成本低、对环境污染小和安全等优点，世界各国，尤其是工业发达的国家和地区都大力发展核电，估计到 2000 年核电将达到世界总发电量的 25% 左右。我国已建成秦山、大亚湾核电站，目前还有多处正在筹建。

铀裂变时产生的同位素及其射线，在工农业生产和科学技术领域中有广泛的用途。例如，在工业上利用射线实现生产自动控制，无损伤检查等；在农业上利用射线培育良种，防止病虫害等；在医学上用于灭菌消毒，临床诊断及治疗；在地质勘探工作中用来找矿等等。

　　从种种迹象看来，能源危机的解决也许并不是难事。但这是不是就意味着人类可以高枕无忧呢？答案是否定的——

二、环境

　　可以说，自打人类寻找到木材的替代品——煤和石油开始，就已经意识到了"替代"绝不就是"等同"。我们前面说过，木料的灰烬能够作为肥料施在小树下，这样就促进了循环的完整与良性发展，而煤渣并不能做到这一点。也许学过化学的我们会说，煤和石油的衍生物也可以制成肥料，但是，请大家不要忘了，木料的灰烬可以被大自然"照单全收"地降解、燃烧的二氧化碳也是植物（新树苗）呼吸作用的必须，可煤燃烧的废渣、石油的衍生物（塑料等）却不能或很难被降解，他们燃烧的废气（二氧化硫等）是天怨人怒的有害物质（石油燃烧的废气还是城市人们致癌的罪魁祸首）。所以说，垃圾问题、大气问题，共同构成了——环境问题。

　　在新的能源中，环境问题是不是彻底解决了呢？从前面介绍的1~6种能源中，人们确实充分考虑了这个问题，理论上是不会有环境问题的。但是，不知大家注意到了没有，它们都会受自然条件和资源条件的制约（没有风，风车能转吗？太阳能需要面积，你能把热效应管架在别人的房子上去吗？潮汐能需要海岸线的长度，你去侵略别人的海域吗？）。随着人们需求的增长，可以说，这前6能源的供应量必然不能满足要求，所以第7种能源成为人们关注的焦点：核能（因为它有一个突出的优点，那就是能量巨大）。在发达国家，核能的使用量日益增多…但是，核能的直接或潜藏的环境问题比煤合石油的要严重得多…

　　人类要在以上问题中寻求一种协调与和谐，在调整需求意识、珍惜资源、科研开发等多个方面都有工作要做。无论今后大家会致力于哪一方面的工作，今天的意识形成都会大有必要。

第十二章　固体、液体和气体

1. 气体的压强、体积、温度的关系

（一）气体分子运动的特点：

和固体、液体相比，气体很容易压缩，这说明气体分子不像固体分子或液体分子那样距离很近，气体分子之间有很大的空隙。且气体能够充满整个容器，这说明气体分子除了在相互碰撞的短暂时间外，相互作用力十分微弱，气体分子可以自由地运动且运动的速率很大，（常温下大多数气体分子的速率都达到数百米每秒，相当于子弹的速率）。

（二）气体对器壁的压强：

可见：球内的气体确实对球皮产生了由内向外的压强。

（三）气体压强的微观解释：

我们所说的气体的压强，指的就是气体对于容器器壁的压强。液体由于重量而对器壁产生压强，因而在失重的情况下，对容器就没有压强了。那么，气体对于器壁的压强也是由于气体的重量产生的吗？

同理，气体分子对器壁的碰撞也会产生压力。大量分子不断地和器壁碰撞，就对器壁产生持续的压力。就象是雨滴打在雨伞上，单个雨滴对伞面的作用力并不明显，大量密集的雨滴接连不断地打在伞面上，对伞面就产生了持续的压力。

（四）气体压强和体积的关系：

体积减小时，压强增大；体积增大时，压强减小。

微观解释：由气体分子热运动的理论，气体对器壁的压力是由于分子对器壁的碰撞产生的。气体的体积越小，分子越密集，一定时间撞到单位面积器壁的分子数就越多，气体的压强就越大。

（五）气体体积与温度的关系：温度升高，体积增大；温度降低，体积减小。

（六）气体压强与温度的关系：温度升高，压强增大；温度降低，压强减小。

微观解释：气体的体积保持不变时，分子的疏密程度也不改变，温度升高时，分子的热运动变得剧烈，分子的平均动能增大，撞击器壁时对器壁的作用力变大，所以气体的压强增大。

第十三章　电场

1. 电荷库仑定律

1. 新课引入

人类从很早就认识了磁现象和电现象，例如我国在战国末期就发现了磁铁矿有吸引铁的现象。在东汉初年就有带电的琥珀吸引轻小物体的文字记载，但是人类对电磁现象的系统研究却是在欧洲文艺复兴之后才逐渐开展起来的，到十九世纪才建立了完整的电磁理论。

电磁学及其应用对人类的影响十分巨大，在电磁学研究基础上发展起来的电能生产和利用，是历史上的一次技术革命，是人类改造世界能力的飞跃，打开了电气化时代的大门。

工农业生产、交通、通讯、国防、科学研究和日常生活都离不开电。在当前出现的新技术中，起带头作用的是在电磁学研究基础上发展起来的微电子技术和电子计算机。它们被广泛应用于各种新技术领域，给人们的生产和生活带来了深刻的变化。为了正确地利用电，就必须懂得电的知识。在中级我们学过一些电的知识，现在再进一步较深入地学习。

（1）研究两种电荷及电荷间的相互作用

自然界存在两种电荷，叫做正电荷与负电荷。用毛皮摩擦橡胶棒，用丝绸摩擦有机玻璃棒后，橡胶棒带负电，毛皮带正电，有机玻璃棒带正电，丝绸带负电。物体带电后，能吸引轻小物体，而且带电越多，吸引力就越大，电荷的多少叫电量，电量的单位是库仑。

电子带有最小的负电荷，质子带有最小的正电荷，它们电量的绝对值相等，一个电子电量 $e = 1.6 \times 10^{-19} C$。任何带电物体所带电量要么等于电子（或质子）电量，要么是它们的整数倍，因此，把 $1.6 \times 10^{-19} C$ 称为基元电荷。

异种电荷相吸。

同种电荷相斥。

（2）库仑定律

我国东汉时期就发现了电荷，并已定性掌握了电荷间的相互作用的规律。而进一步将电荷间作用的规律具体化、数量化的工作，则是两千年之后的法国物理学家库仑，他用精确实验研究了静止的点电荷间的相互作用力，于 1785 年发现了后来用他的名字命名的库仑定律。

正像牛顿在研究物体运动时引入质点一样，库仑在研究电荷间的作用时引入了点电荷，无疑这是人类思维方法的一大进步。

什么是点电荷？简而言之，带电的质点就是点电荷。点电荷的电量、位置可以准确地确定下来。正像质点是理想的模型一样，点电荷也是理想化模型。真正的点电荷是不存在的，但是，如果带电体间的距离比它们的大小大得多，以致带电体的形状和大小对相互作用力的影响可以忽略不计时，这样的带电体就可以看成点电荷。均匀带电球体或均匀带电球壳也可看成一个处于该球球心，带电量与该球相同的点电荷。

库仑实验的结果是：在真空中两个电荷间作用力跟它们的电量的乘积成正比，跟它们间的距离的平方成反比，作用力的方向在它们的连线上，这就是库仑定律。若两个点电荷 q_1，q_2 静止于真空中，距离为 r，如图 3 所示，则 q_1 受到 q_2 的作用力 F_{12} 为

$$\begin{cases} \text{大小：} F_{12} = \dfrac{kq_1 q_2}{r^2} \\ \text{方向：在两个点电荷连线上，同性相斥，异性相吸。} \end{cases}$$

式中 F_{12}、q_1、q_2、r 诸量单位都已确定，分别为牛（N）、库（C）、库（C）、米（m），所以 $F_{12} = \dfrac{kq_1 q_2}{r^2}$ 由实验测得

$$k = 9 \times 10^9 N \cdot m^2 / C^2$$

q_2 受到 q_1 的作用力 F_{21} 与 F_{12} 互为作用力与反作用力，它们大小相等，方向相反，统称静电力，又叫库仑力。

若点电荷不是静止的，而是存在相对运动，那么它们之间的作用力除了仍存在静电力之外，还存在相互作用的磁场力。关于磁场力的知识，今后将会学到。

（3）库仑定律的应用

【例1】两个点电荷 $q_1 = 1C$、$q_2 = 1C$ 相距 $r = 1m$，且静止于真空中，求它们间的相互作用力。

解 $$F = \frac{kq_1 q_2}{r^2} = \frac{9 \times 10^9 \times 1 \times 1}{1} = 9 \times 10^9 N$$

这时 F 在数值上与 k 相等，这就是 k 的物理意义：k 在数值上等于两个 $1C$ 的点电荷在真空中相距 $1m$ 时的相互作用力。

【例2】真空中有 A、B 两个点电荷，相距 $10cm$，B 的带电量是 A 的 5 倍。如果 A

电荷受到的静电力是 $10^{-4}N$，那么 B 电荷受到的静电力应是下列答案中的哪一个？

A. $5 \times 10^{-4}N$　　　　B. $0.2 \times 10^{-4}N$　　　　C. $10^{-4}N$　　　　D. $0.1 \times 10^{-4}N$

【例3】两个完全相同的均匀带电小球，分别带电量 $q_1 = 2C$ 正电荷，$q_2 = 4C$ 负电荷，在真空中相距为 r 且静止，相互作用的静电力为 F。

(1) 今将 q_1、q_2、r 都加倍，相互作用力如何变？

(2) 只改变两电荷电性，相互作用力如何变？

(3) 只将 r 增大 4 倍，相互作用力如何变？

(4) 将两个小球接触一下后，仍放回原处，相互作用力如何变？

(5) 接上题，为使接触后，静电力大小不变应如何放置两球？

答（1）作用力不变。

(2) 作用力不变。

(3) 作用力变为 $F/25$，方向不变。

(4) 作用力大小变为 $F/8$，方向由原来的吸引变为推斥（接触后电量先中和，后多余电量等分）。

【例4】两个正电荷 q_1 与 q_2 电量都是 $3C$，静止于真空中，相距 $r = 2m$。

(1) 在它们的连线 AB 的中点 O 放入正电荷 Q，求 Q 受 的静电力。

(2) 在 O 点放入负电荷 Q，求 Q 受 的静电力。

(3) 在连线上 A 点的左侧 C 点放上负点电荷 q_3，$q_3 = 1C$ 且 $AC = 1m$，求 q_3 所受静电力。

解 当一个点电荷受到几个点电荷的静电力作用时，可用力的独立性原理求解，即用库仑定律计算每一个电荷的作用力，就像其他电荷不存在一样，再求各力的矢量和。

(1)（2）题电荷 Q 受 力为零。

(3) q_3 受 引力 F_{31} 与引力 F_{32}，方向均向右，合力为：

$$F_3 = F_{31} + F_{32} = \frac{kq_1q_2}{r_{CA}^2} + \frac{kq_2q_3}{r_{CA}^2} = k\left(3 + \frac{1}{3}\right) = 3 \times 10^{10}N$$

2. 电场强度

电荷 ⟷ 电荷

在 19 世纪 30 年代，法拉第提出一种观点，认为一个电荷周围存在着由它产生的电场，另外一个电荷受这个电荷的作用力就是通过这个电场给予的，这种作用方式可以表示为：

电荷 ⟷ 电场 ⟷ 电荷

近代物理学的理论和实践已经完全证明了场的观点的正确性。电场以及以后将要学习的磁场已被证明是一种客观存在的物质形态，电视台和无线电广播电台就是靠激发电磁场的方式发送各种节目信号的。虽然电磁场"看不见""摸不着"，但是我们却可以在远离发射塔的地方，用电视机和收音机接受到它们发送的节目信号，这就是电磁场客观存在的很好例证。本节课我们就来学习描述电场的重要概念。

（一）电场：电荷周围存在电场。

实验：如图（1）所示，使有绝缘支柱的大金属球带电作为场源电荷，使丝线吊着的小铝箔球带少量电荷，用它代替检验电荷 q。

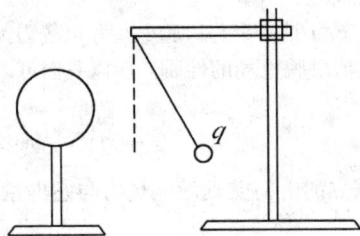

图1

实验一：把铝箔球放在电场中不同的方位，注意观察丝线的倾斜方向。

现象：铝箔球在电场中不同方位时，丝线倾斜的方向不同。

实验二：铝箔球逐渐远离场源，注意观察丝线偏离竖直方向的角度。

问：看到什么现象了？

现象：偏角逐渐减小。

投影出实验现象，如图2所示。

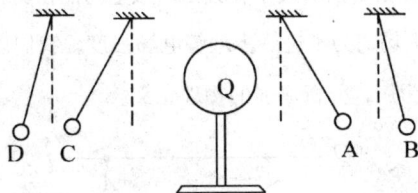

图2

归纳：以上两个实验表明，在电场中不同点，电场对检验电荷施加的电场力的大小和方向一般是不同的。

比如在 A 点电场对电荷施加方向向右的作用力，在 D 点电场对电荷施加方向向左的作用力，在 A 点电场对电荷的作用力大，在 B 点电场对电荷施加的作用力小，可见不同点电场的性质是不同的。怎样定量的、精确的描述电场的这一性质呢？

问：用检验电荷受到的电场力，行吗？（学生讨论）

结论：在电场中同一点，检验电荷所受电场力随它所带电量的减小而减小，所以，电场力不能用于描述电场。要描述电场，需要找一个与检验电荷的电量无关而只由电场决定的物理量。

那我们用什么描述电场呢？如果我们能够做更精确的实验，就会发现：在电场中同

一点，电场力不仅随检验电荷的电量的减小而减小，随电场力的增大而增大，而且跟检验电荷的电量之间存在这样的定量关系：

如在 A 点：$\dfrac{F_A}{q} = \dfrac{2F_A}{2q} = \cdots = \dfrac{nF_A}{nq}$

在 B 点：$\dfrac{F_B}{q} = \dfrac{2F_n}{2q} = \cdots \dfrac{nF_B}{nq} \cdots = \dfrac{nF_B}{nq}$

在电场中同一点，比值 F/q 是一个与检验电荷和电场力无关的量，而在电场中不同点，比值一般不同，因而比值反映电场的性质。所以我们可以用它来描述电场，并把它定义为电场强度。

（二）电场强度

1. 定义：放入电场中某点的电荷受到的电场力与它电量的比值，叫这一点的电场强度，简称场强。

$E = \dfrac{F}{q}$（定义式）

（1）单位：N/C

（2）大小：电场中某点的场强在数值上等于单位电荷在该点受到的电场力。

（3）方向：规定电场中某点场强的方向为正电荷在该点受到的电场力的方向。

场强是矢量。

一般电场中不同点，场强的大小及方向不同，场强大的地方，电场强，场强小的地方，电场弱，通常我们也把场强的大小和方向叫做电场的强弱和方向。

$E = \dfrac{F}{q}$ 适用于一切电场，为了进一步理解电场强度，我们以一个特殊的电场——真空中点电荷产生的电场为例，分析场强的物理意义。

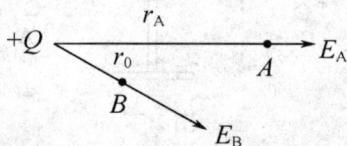

图 3

小结：

（1）场强的大小与方向跟检验电荷的有无、电量、电性没有关系。

（2）场强的大小只由场源电荷和场点到场源的距离来决定。

（3）离场源电荷越近的点场强越大，离场源电荷越远的点场强越小。

决定式：$E = k\dfrac{Q}{r^2}$

3. 场强的叠加——平行四边形法则如图 4 所示，两个电荷 $+Q$ 和 $-Q$ 同时存在时，实验表明它们产生的电场互相独立、互不影响，P 点的场强是 E_1 和 E_2 叠加的结果，遵从平行四边形法则，如图4所示。

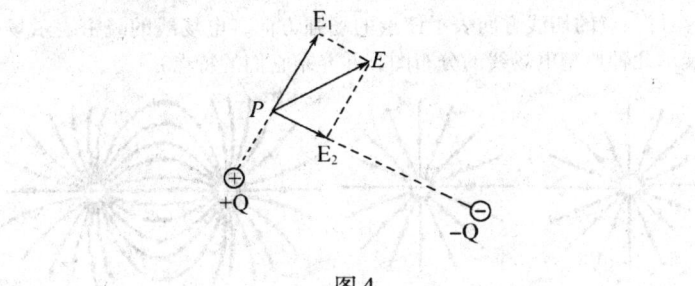

图 4

对于多个电荷产生的电场，同样遵从平行四边形法则。

小结：电场是电荷周围客观存在的一种物质，它"看不见"、"摸不着"，我们是怎么认识它的呢？根据电场和其它物质的相互作用来认识电场的。为此我们引入了检验电荷，用检验电荷是否受到电场力来判断电场是否存在；又用检验电荷受到的电场力与它的电量的比值即电场强度来定量描述电场的性质。

电场强度（矢量）$\begin{cases} \text{定义：} E = \dfrac{F}{q} \\ \text{方向：正电荷受电场力的方向} \\ \text{场强的叠加：平行四边形法则} \\ \text{真空中点电荷场强的决定式：} E = k\dfrac{q}{r^2} \end{cases}$

3. 电场线

法拉第为我们提供了一种很好的方法，就是用电场线来形象地描述电场。

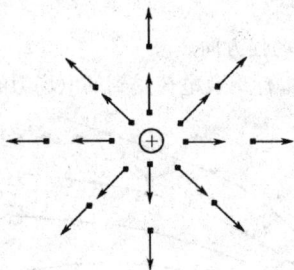

图 5

（二）电场线

电场线在每一点的切线方向表示该点的场强方向，电场线的疏密表示场强的大小。
（用计算机展示几种典型电场线的分布图，并介绍它们的特点）

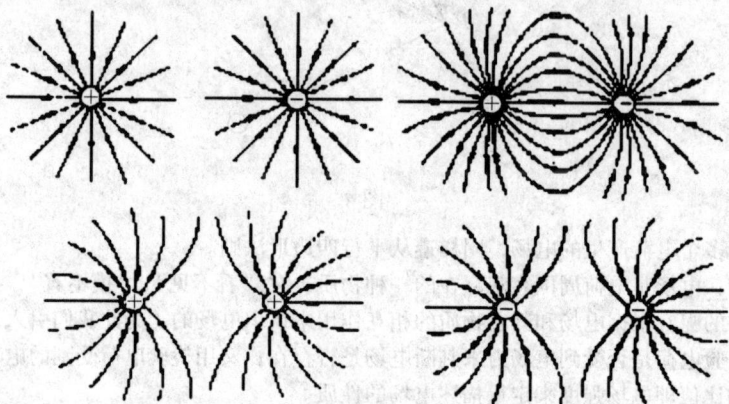

图6

电场线的特点：

1. 电场线总是从正电荷出发，终止于负电荷或无穷远，如果只有负电荷，则电场线来自无穷远，终止于负电荷。

2. 任意两条电场线都不会相交。

（如果相交，则交点就会有两个切线方向，而同一点场强的大小和方向是唯一的。）

3. 电场线并不是电场中真实存在的曲线，它只是我们为了形象地描述电场而引入的。

练习题：

1. 如图7所示是某区域的电场线图，A、B、C是电场中的三点。

（1）说明哪点的场强最大？

（2）标出A、B、C三点的场强方向。

（3）若在C点放一负电荷，标出负电荷受到的电场力的方向。

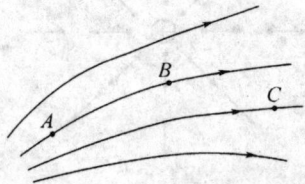

图7

板书设计：

电场线 { 切线方向—场强方向
　　　　 疏密——场的强弱
　　　　 几种典型电场的电场线

4. 静电屏蔽

实验1 利用起电机使绝缘金属球带电，从而产生电场，把感应电机靠近 A 摆放，且接触良好。

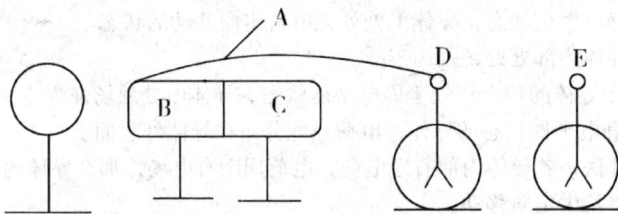

将不带电验电球 A 先与 B 接触，再与验电器金属球 D 接触，如此反复，可见 D 金属箔张开。同样，可让 A 与 C 接触，再与 E 接触，反复几次，可见 E 金属箔也张开。

由此可知 B、C 两端带电。

此时，若将 A 上电荷放掉，让 A 与 C 接触后与 D 接触，反复几次，可见 D 金属箔张角变小，可见 B、C 两端电荷异号。

1. 静电感应

（1）什么叫静电感应：放在静电场中的导体，它的自由电荷受电场力作用，发生定向移动，从而重新分布，在其表面不同部分出现了正、负电荷的现象。

①可根据同性相斥、异性相吸，指出本实验中距 A 近端（B 端）有与 A 异号的电荷，距 A 远端（C 端）电荷与 A 同号。

②也可以分析距 A 远近不同，电势不同，而金属导体中自由电子在电场力作用下由电势低处运动至电势高处。

例如：若 A 带正电，距 A 较远端的 C 端电势比 B 端低，故电子向 B 端运动，B 端带负电荷。根据电荷守恒，C 端带正电荷。

同理可分析 A 带负电荷时，感应电机上电荷分布。

（2）感应电荷

静电感应现象中，导体不同部分出现的净电荷称为感应电荷。

静电场中导体上自由电荷受电场力作用做定向移动会不会一直运动下去？

（3）静电平衡状态

导体置于电场中时，自由电荷受力，发生定向移动，从而重新分布。重新分布的电荷在导体内产生一个与原电场反向的电场，阻碍电荷定向移动，直至最后无电荷定向移动为止，这时感应电荷电场与原电场的合场强为零。

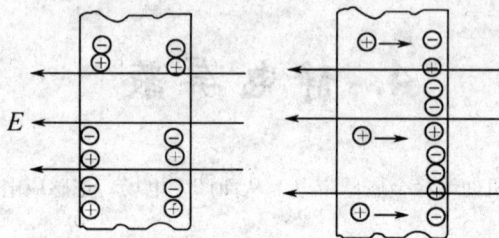

①什么是静电平衡状态：导体上处处无电荷定向移动的状态。

②特征：导体内部处处场强为零。

2. 静电场中导体的特点：处于静电平衡状态，导体内处处场强为零。

（1）处于静电平衡状态的导体，电荷只能分布在导体外表面上。

可采用反证法，若导体内部有净电荷，电荷周围有电场，那么导体内部电场强度将不为零，电荷将发生定向移动。

实验 2 法拉第圆筒实验。

先用起电机使筒 A 带电，至 A 中箔片张开为止，利用验电球 B 可先从 A 外表面接触，再与验电器金属球 C 接触，反复几次后，可明显地看到 C 金属箔张开，可说明 A 外表面有电荷。

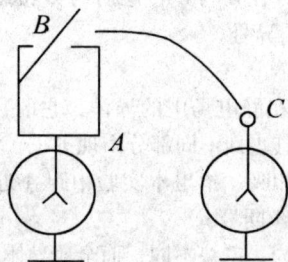

若使 B 与 A 内壁接触后再与 C 接触，则 C 金属箔将不张开，可验证 A 内壁无电荷。

（2）处于静电平衡状态的导体表面上任一点场强方向与该点表面垂直。可用反证法证明，若不垂直，沿表面有切向分量电荷将发生定向移动。

（3）处于静电平衡状态导体是个等势体，导体表面是等势面，沿导体表面移动电荷，电场力与表面切向垂直，电场力做

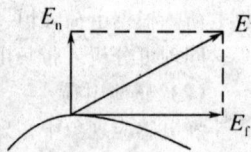

功为零。

所以电势差为零，表面是等势面。

内部处处 $E=0$，任两点间移动电荷，电场力为零，任两点等势，所以是等势体。

3. 应用

（1）感应起电（与摩擦起电比较）

使 A 带电，B、C 端将出现感应电荷，把 B、C 分开，各自出现净电荷，从而带电。

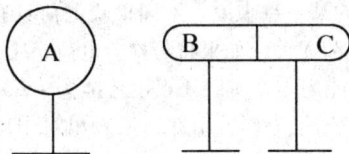

（2）静电屏蔽

实验 3

先使 A 带电，然后移近验电器 B，由于静电感应，B 的金属箔片张开，若把 B 置于金属网罩中，可发现 B 的金属箔片不张开。

简单分析：金属网罩内无电场。

任取一个导体壳，处于静电场中，壳内无电场。

反证法：若有电场，电场线发自壳壁，终止于壳壁，与壳是等势体相矛盾，这样的电场线不存在。

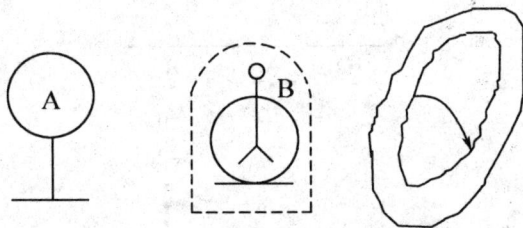

5. 电势差电势

1. 电势 ε

放在电场中的电荷具有电势能，电势能与重力势能相似具有相对性。一般来说如果将一个检验电荷放在点电荷电场中，在无穷远处检验电荷具有的电势能为零。电场为做正功电势能减少，克服电场力做功，电势能增加。

如图1所示，将一电量为 q 的正检验电荷放在正点电荷的电场中，B 点为无穷远处。此时 q 具有的电势能为零，将 q 由 B 点移至 A 点，需克服电场力做功，电势能增加，如果克服电场力做功为 W，B 点电势能为零，所以 A 点电势能为 ε（$W = \varepsilon$），电势能与电量比为 ε/q。换用 $2q$ 的检验电荷，同理可知需克服电场力做功 $2W$，在 A 点具有电势能为 2ε（$2W = 2\varepsilon$），电势能与电量比为 $2\varepsilon/2q = \varepsilon/q$，换用 nq 检验电荷，从 B 点到 A 点需克服电场力做功 $n\varepsilon$，在 A 点具有的电势能为 $n\varepsilon$，电势能与电量的比值为 $n\varepsilon/nq = \varepsilon/q$。由此可见对于电场中的某一点来说，不同检验电荷具有的电势能不同但电势能与电量的比值相同，与检验电荷无关。如果将负检验电荷 q 从 B 点移至 A 点，电场力做正功，电势能减少，B 点电势能为零，所以 A 点电势能为 $-\varepsilon$，但电势能与电量之比为 ε/q，换用 $-2q$，$-3q$，$-nq$，结果一样。由此可以看出对于确定的电场来说，在电场中的同一点，不同的检验电荷可以具有不同的电势能，但电势能与电量的比值与检验电荷无关，由场唯一决定，我们就把这一比值称为场中这一点的电势。如果用 U 表示电势，用 ε 表示电荷 q 的电势能，那么 $U = \varepsilon/q$（ε、q、U 均可正可负，计算时带符号运算）。此式只是电势的定义式，而不是决定式场中某点电势由场唯一决定。场定了，场中某点电势就唯一确定了，与放不放检验电荷，放什么样的检验电荷无关。

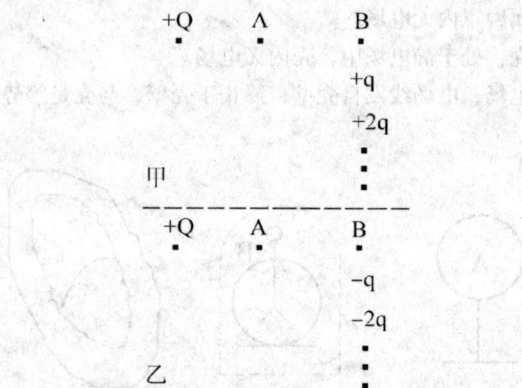

（1）电势是相对的，是相对于零势面来说的，一般选大地或无限远为零势面。

（2）沿着电场线方向电势降低。如图2所示：将正检验电荷 q 从无穷远分别移至 A，B，C，…各点电场力所做负功为 W_A，W_B，W_C，…且 $W_A > W_B > W_C$ 均为正值，$W_A/q > W_B/q > W_C/q > \cdots$。即 $U_A > U_B > U_C > \cdots > 0$ 沿着电场线方向电势降低，同理可证负电荷电场也如此。

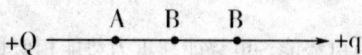

图2

（3）正电荷电场中各点电势均为正；负电荷电场中各点电势均为负。

关于正电荷的由（2）可知。关于负电荷由图3可知：将正检验电

图3

荷 q 从无穷远移至 A 点，电场力做正功，电势能减少无穷远处电势能为零，在 A 点电势能为负，电势能与电量之比为负，即电势为负。

（4）电势是标量，只有大小没有方向。

虽是标量但有正负，正的代表比零电势高，负的代表比零电势低，而不代表方向。

（5）电势的单位：伏特（V）

2. 电势差

电场确定后，场中各点电势就唯一确定了，一般来说不同的点具有不同的电势，两点间电势的差值，称为这两点间的电势差，也叫电压。例：A 点电势 U_A，B 点电势 U_B，A、B 两点间的电势差 $U_{AB} = U_A - U_B$，如 $U_A = 10V$，$U_B = -5V$，$U_{AB} = U_A - U_{AB} = 10V - （-5V） = 15V$，$BA$ 两点间电势差为 $U_{BA} = U_B - U_A = （-5V） - 10V = -15V$，$U_{BA} = -U_{AB}$。

知道了电场中两点的电势，由 $W = qU$ 即可算出电荷在这两点的电势能，从而算出从一点到另一点电势能的增量，设 $U_A > U_B$，则正电荷在 A 点，电势能为 $U_A q$，在 B 点电势能为 $U_B q$，q 从 A 点移到 B 点电势能减少了 $qU_A - qU_B$。而电势能的减少等于电场力做的正功，所以正电荷从 A 点移到 B 点时电场力做的正功 $W = qU_A - qU_B = q（U_A - U_B） = qU_{AB}$，如果把正电荷 q 从 B 点移到 A 点，电势能增加了 $qU_A - qU_B$，而电势能的增加等于电场力做的负功，所以正电荷从 B 点移到 A 点电场力做的负功大小为 $qU_A - qU_B = q（U_A - U_B） = qU_{AB}$。与此类似，将负电荷 $-q$ 从 A 移到 B，或从 B 移到 A，电场力做功的大小仍是 qU_{AB}，所以，在电场中 AB 两点间移动电荷时，电场力做的功 W 等于电量 q 和这两点间的电势差 U 的乘积，即 $W = qU$，式中 q 用 C 做单位，U 用 V 做单位，W 用 J 做单位，利用这个公式时，q、U 都取绝对值，算出的功 W 也为绝对值。

说明：（1）电势能是相对的，而电势能的变化是绝对的，$\triangle E = qU_{AB}$ 或 $\triangle E = qU_{BA}$，仅由 q 与两点间电势差决定。

（2）电场力做正功，电势能减少，末态减初态，增量为负。电场力做负功，电势能增加，末态减初态，增量 $\triangle E$ 为正。

例题：设电场中 AB 两点电势差 $U = 2.0 \times 10^2 V$，带电粒子的电量 $q = 1.2 \times 10^{-8} C$，把 q 从 A 点移到 B 点，电场力做了多少功？是正功还是负功？设 $U_A < U_B$。

$W = qU = 1.2 \times 10^{-8} \times 2.0 \times 10^2 J$

$= 2.4 \times 10^{-6} J$

因为 $U_A < U_B$，q 为正电荷，故 q 在 B 点的电势能大于 A 点电势能，即从 A 点移到 B 点电势能增加，即电功力做负功。

6. 等势面

一、等势面：

概念：电场中电势相同的各点构成的面叫做等势面

二、等势面的形状：

从无穷远往点电荷处搬运电荷做功相同的点应分布以点电荷为球心的同心球面上。由此得出点电荷形成电场的等势面的形状

观察课本上的图 14－30。并形象地与等高线相类比。

两个点电荷形成的电场及匀强电场中等势面的形状和特点。

三、等势面的性质

1. 沿等势面移动电荷时，电场力不做功；

提出问题：由电场力做功的定义式：$W = E \cdot q \cdot s \cdot \cos\alpha$，电荷在电场中怎样移动时，电场力对电荷不做功？从而引导学生得出等势面与电场线垂直的结论。

2. 电场线跟等势面垂直，并且由电势高的等势面指向电势低的等势面。

演示：出示各种不同电场中的电场线及等势面形状的挂图。

提出问题：在各种不同的电场中，我们发现它们的等势面有一个共同的特点，就是任意两个电势不同的等势面都没有相交，那么，请同学们思考：是不是所有电场中的等势都符合这个特点呢？在引导同学们得出肯定的答案，否则的话，交点处会出现两个电势值。

3. 任意两个电势不等的等势面不能相交。

再进一步将等高线进行类比，指出根据等高线可以判断地形特点，得用等势面可以形象地描述电场能的性质。

四、等势面的用途：

利用等势面可以形象地描述电场能的性质。

五、处于静电平衡的导体的特点——整个导体（包括表面）是一个等势体。

（一）等势面：

1. 定义：电场中电势相同的各点构成的面叫做等势面。

2. 特点：

①在同一等势面上移动电荷时电场力不做功；

②电场线跟等势面垂直，并且由电势高的等势面指向电势低的等势面。

③任意两个电势不等的等势面不能相交。

④处于静电平衡的导体的特点——整个导体（包括表面）是一个等势体。

7. 电势差与电场强度的关系

1. 场强方向是指向电势降低最快的方向。

我们再来研究场强和电势差的数量关系。设 AB 间距离为 d，电势差为 U_1，场强为 E。把正电荷 q 从 A 点移到 B 时，电场力 qE 所做的功为 $W = qEd$。利用电势差和功的关系，这个功又可求得为 $W = qU$，比较这两个式子，可得 $W = qEd = Uq$，即 $U = Eq$。这就是说，在匀强电场中，沿场强方向的两点间的电势场等于场强和这两点间距离的乘积。如果不是沿场强方向的呢？例如 AD 两点间电势差仍为 U，设 AD 间距离 s，与 AB 夹角 α，将正电荷从 A 移动到 D，受电场力方向水平向右，与位移夹角 α，故电场力做功为 $W = Eqs\cos\alpha$，$s\cos\alpha = d$，所以 $W = Eqs\cos\alpha = Eqd$。利用电势差和功的关系，$W = qU$，比较这两个式子可得 $U = Es\cos\alpha = Ed$。d 为 AB 两点间距离，也是 AB 所在等势面间距离或者可以说是 AD 两点间距离 s 在场强方向的投影。

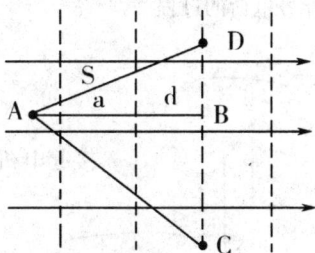

2. $U = Ed$。U 为两点间电压，E 为场强，d 为两点间距离在场强方向的投影。

3. 由 $U = Ed$，得 $E = U/d$，可得场强的另一个单位：V/m。

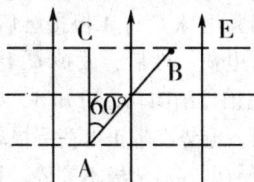

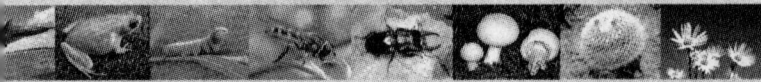

$$1V/m = \frac{1J/C}{1m} = \frac{1N \cdot m}{C \cdot m} = 1N \cdot C$$

所以场强的两个单位：伏/米，牛/库是相等的。

注：此公式只适用于匀强场。

8. 电容器的电容

1. 电容器

（1）构成：任何两个彼此绝缘、相互靠近的导体可组成一个电容器，贮藏电量和能量。两个导体称为电容的两极。

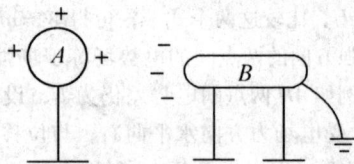

欲使电容器储存电荷，首先应对电容充电，充电后还能放电。

（2）充放电

①充电：使电容器两极带异号电荷的过程。

实验1

接起电机两极

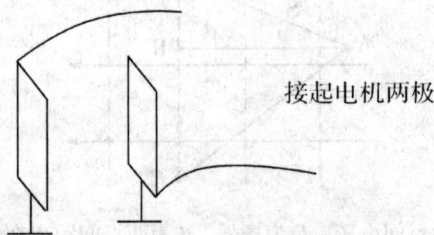

利用起电机对相对放置的平行金属板构成的电容器充电。

把金属板与起电机断开，用验电球 C 与 A 板接触后再与验电器金属球 D 接触，金属箔逐渐张开。可知 A 板上带有电荷。然后，放掉 C 上多余电荷，让 C 与 B 接触后再与 D 接触，可见原来张开的金属箔逐渐闭合，可知 A、B 带异号电荷。

分析：起电机两极带电荷后，电势在带正电荷一极较高，负电荷一极较低，与电容器两极接触时，由于起电机两极与电容器两极不等势，将发生电荷定向移动，引起电荷重新分布，直至起电机两极与电容器两极达到静电平衡状态为止。这时电容器两极与起电机两极分别等势，从而电容器两极间电势差等于起电机两极电势差。同样，也可用电源（电池）对电容器充电，与正极相连的电容器极板带正电荷，与负极相连带负电荷。

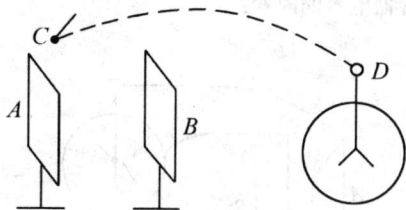

②放电：使电容器两极失去所带电荷。

可用导线直接连接电容器两极，让两极板上正负电荷发生中和。

实验2

先用起电机对 AB 板充电，然后用导线连接 A、B 板，用验电球和验电器检验 A、B 板上有无电荷。

电容器容纳电荷多少与什么有关?

分析：两极板积累异号电荷越多，其中带正电荷一极电势越高，带负电荷一极电势越低，从而电势差越大。

可类比于水容器（柱形），Q 电量类比于水体积，电势差 U 类比于水深，U 越大，Q 越大，水体积与水深度比值为横截面积不变。理论上可证明，$\frac{Q}{U}$ 比值也不变，类比于横截面积，这个比值称为电容。

（3）电容①定义：电容是描述电容器容纳电量特性的物理量。它的大小可用电容器一极的带电量与两极板电势差之比来量度。

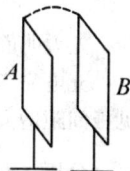

②量度：$C = \frac{Q}{U}$

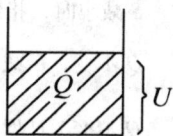

说明：对于给定电容器，相当于给定柱形水容器，C（类比于横截面积）不变。这是量度式，不是关系式。在 C 一定情况下，$Q = CU$，Q 正比于 U。

③单位：法拉（F）　　$1F = 1C/V$

常用单位有微法（μF），皮法（pF）　$1F = 10^6 \mu F = 10^{12} pF$

2. 平行板电容器电容

电容器中具有代表性的一种。

（1）构成：两块平行相互绝缘金属板。可强调一下：①两极间距 d；②两极正对面积 S。

描述一对平行板的几何特性。

注意说明，两板所带电量应是等量异号的（前面实验已证明）。

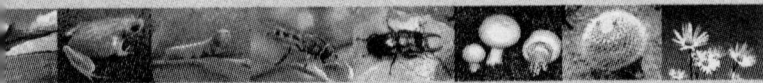

（2）量度：$C = \dfrac{Q}{U}$，Q 是某一极板所带电量的绝对值。

（3）影响平行板电容器电容的因素：

实验 3

接起电机

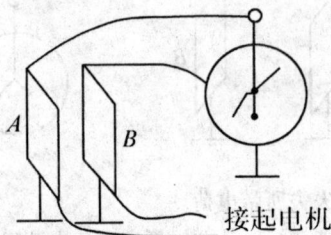

先说明静电计的作用：指针偏角越大，指针与壳间电势差越大。

充电完毕后，断开极板 A、B 与起电机连线，Q 不变，改变 A、B 极板间距离，可见板间距增大时，静电计指针偏角变大，板间距减小时，静电计指针偏角减小。

分析：d 增大，$C = \dfrac{Q}{U}$，Q 不变，U 增大，C 减小。

d 减小时，$C = \dfrac{Q}{U}$，

U 减速小，C 增大。

实验 4 改变 AB 两板正对面积 S

可观察到 S 增大时，指针偏角变小；

S 减小时，指针偏角变大。

Q 不变，U 减小，$C = \dfrac{Q}{U}$，C 增大，S 增大。

Q 不变，U 增大，$C = \dfrac{Q}{U}$，C 减小，S 减小。

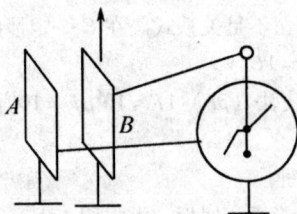

②理论和实验可精确证明：$C \propto S$

实验 5

固定 A、B 位置不变，把电介质板插入，可观察到电介质板进入过程中，静电计指

针偏角变小。

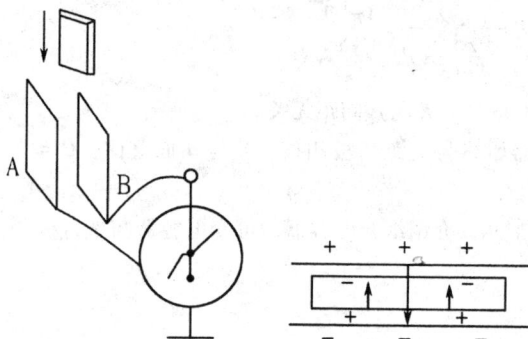

分析：Q 不变，U 变小，$C = \dfrac{Q}{U}$，C 变大。

电介质一般指绝缘物质，无自由电荷，电荷可在平衡位置附近做微小振动。当绝缘物质处于外加电场中时，这些电荷受力，其分布将发生一定的变化，在靠近正极板表面上出现负电荷，在靠近负极板表面上出现正电荷。这些电荷不是自由电荷，而是被束缚在电介质上，不能自由移动。这些束缚电荷使板间电场削弱，两板间电势差 U 降低，从而使静电计指针偏角减小。

③两极板间插入电介质时比不插入电介质时电容大。

可考虑给出电容公式 $C = \dfrac{\varepsilon S}{4\pi kd}$，$\varepsilon$ 为介电常数，k 为静电力恒量。

这里也可以用能的观点加以分析：电介质板插入过程中，由于束缚电荷与极板上电荷相互吸引力做功，电势能减少，故电势差降低。

（4）平行板电容器内电场：

实验 6 在一块金属板上固定一些细尼龙丝，把两金属板平行正对放置，并用起电机使两板带电，可见尼龙丝几乎垂直于板且相互平行地立起来。从细尼龙丝的分布情况，可看出板间电场的特点。

①板间电场可看作匀强电场：$E = U/d$

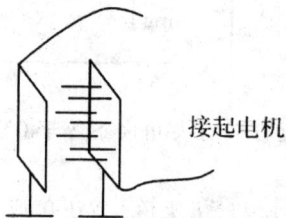

接起电机

U 为两板间电势差，d 为两板间距。

②场源关系

而 $C = \dfrac{\varepsilon S}{4\pi kd}$ 故 $E = \dfrac{Q}{\dfrac{\varepsilon S}{4\pi kd} \cdot d} = \dfrac{4\pi kQ}{4S}$

Q 不变，板间电场强度 E 与板间距无关。

U 不变，电容器始终与电源两极相连，E 与 d 成反比，$Q = CU$，Q 与 d 也成反比。

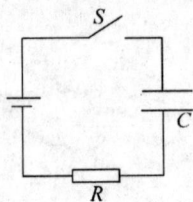

3. 常见电容器展示，介绍纸介电容器、可变电容器与平行板电容器的联系。

9. 带电粒子在电场中的运动

1. 带电粒子在电场中的运动情况

①若带电粒子在电场中所受合力为零时，即 $\sum F = 0$ 时，粒子将保持静止状态或匀速直线运动状态。

例带电粒子在电场中处于静止状态，该粒子带正电还是负电？分析带电粒子处于静止状态，$\sum F = 0$，$mg = Eq$，因为所受重力竖直向下，所以所受电场力必为竖直向上。又因为场强方向竖直向下，所以带电体带负电。

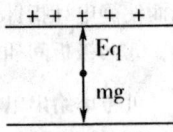

②若 $\sum F \neq 0$ 且与初速度方向在同一直线上，带电粒子将做加速或减速直线运动。（变速直线运动）

打入正电荷，将做匀加速直线运动。

打入负电荷，将做匀减速直线运动。

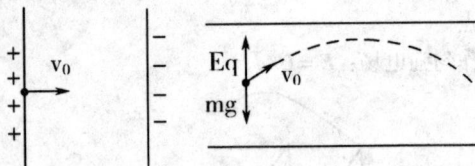

③若 $\sum F \neq 0$，且与初速度方向有夹角（不等于 $0°$，$180°$），带电粒子将做曲线运动。

$mq > Eq$，合外力竖直向下 v_0 与 $\sum F$ 夹角不等于 $0°$ 或 $180°$，带电粒子做匀变速曲线运动。在第三种情况中重点分析类平抛运动。

2. 若不计重力，初速度 $v_0 \perp E$，带电粒子将在电场中做类平抛运动。

复习：物体在只受重力的作用下，被水平抛出，在水平方向上不受力，将做匀速直线运动，在竖直方向上只受重力，做初速度为零的自由落体运动。物体的实际运动为这两种运动的合运动。

$$\begin{cases} \text{垂直重力方向：} v_0 t \\ \text{沿重力方向：} y = \frac{1}{2} g t^2 \end{cases}$$

与此相似，不计 mg，$v_0 \perp E$ 时，带电粒子在磁场中将做类平抛运动。

板间距为 d，板长为 L，初速度 v_0，板间电压为 U，带电粒子质量为 m，带电量为 $+q$。

① 粒子在与电场方向垂直的方向上做匀速直线运动，$x = v_0 t$；在沿电

场方向做初速度为零的匀速直线运动，$y = \dfrac{1}{2}$，称为侧移。

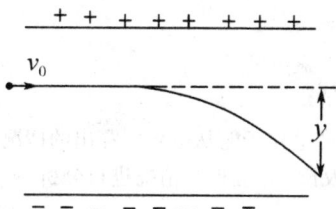

若粒子能穿过电场，而不打在极板上，侧移量为多少呢？

$$\begin{cases} L = v_0 t \\ y = \frac{1}{2} a t^2 \qquad \qquad y = \dfrac{U_q L^2}{2 m d v_0^2} \\ a = \dfrac{Eq}{m} = \dfrac{Uq}{md} \end{cases}$$

② 射出时的末速度与初速度 v_0 的夹角 φ 称为偏向角。

证明

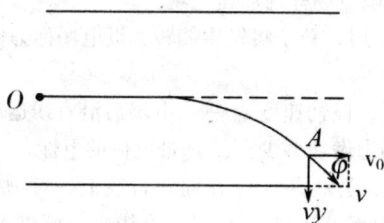

③v_t 反向延长线与 v_0 延长线的交点在 $\dfrac{L}{2}$ 处。

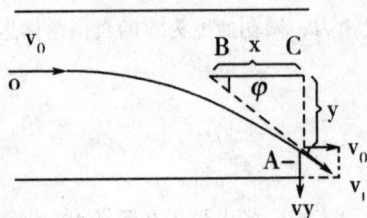

证明：
$$\begin{cases} \tan\varphi = \dfrac{v_y}{v_0} = \dfrac{y}{BC} \\[2mm] y = \dfrac{1}{2}at^2 = \dfrac{1}{2}\dfrac{Uq}{md}t^2 \Rightarrow \overline{BC} = \dfrac{L}{2} \\[2mm] L = v_0t \\[2mm] v_y = at = \dfrac{Uq}{md}t \end{cases}$$

$OB = \dfrac{L}{2}$　即 B 为 OC 中点。

注：以上结论均适用于带电粒子能从电场中穿出的情况。如果带电粒子没有从电场中穿出，此时 v_0t 不再等于板长 L，应根据情况进行分析。

3.

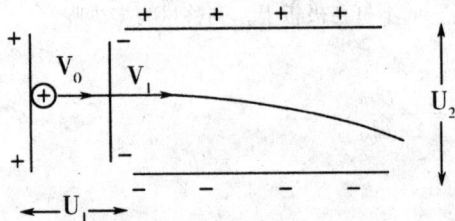

设粒子带正电，以 v_0 进入电压为 U_1 的电场，将做匀加速直线运动，穿过电场时速度增大，动能增大，所以该电场称为加速电场。

进入电压为 U_2 的电场后，粒子将发生偏转，设电场称为偏转电场。

【例1】

质量为 m 的带电粒子，以初速度 v_0 进入电场后沿直线运动到上极板。（1）物体做的是什么运动？（2）电场力做功多少？（3）带电体的电性？

分析　物体做直线运动，$\sum F$ 应与 v_0 在同一直线上。对物体进行受力分析，若忽略 mg，则物体只受 Eq，方向不可能与 v_0 在同一直线上，所以不能忽略 mg。同理电场力 Eq 应等于 mg，否则合外力也不可能与 v_0 在同一直线上。所以物体所受合力为零，应做匀速直线运动。

电场力功等于重力功，$Eg \cdot d = mgd$。

电场力与重力方向相反，应竖直向上。又因为电场强度方向向下，所以物体应带负电。

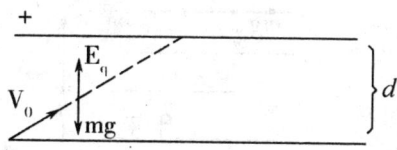

【例2】如图，一平行板电容器板长 $L = 4cm$，板间距离为 $d = 3cm$，倾斜放置，使板面与水平方向夹角 $\alpha = 37°$，若两板间所加电压 $U = 100V$，一带电量 $q = 3 \times 10^{-10}C$ 的负电荷以 $v_0 = 0.5m/s$ 的速度自 A 板左边缘水平进入电场，在电场中沿水平方向运动，并恰好从 B 板右边缘水平飞出，则带电粒子从电场中飞出时的速度为多少？带电粒子质量为多少？

解

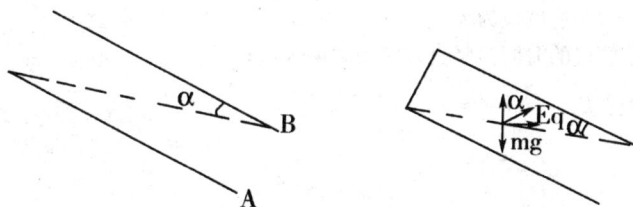

分析　带电粒子能沿直线运动，所受合力与运动方向在同一直线上，由此可知重力不可忽略，受力如图所示。

电场力在竖直方向的分力与重力等值反向。带电粒子所受合力与电场力在水平方向的分力相同。

$$\sum F = Eq \cdot \sin\alpha = \frac{U}{d} \cdot q \cdot \sin\alpha = \frac{100}{3 \times 10^{-2}} \times 3 \times 10^{-10} \times 0.6 N$$

$$= 6 \times 10^{-2}N$$

$$mg = Eq \cdot \cos\alpha$$

$$m = Eq \cdot \cos\alpha/g = \frac{U}{d} \cdot q \cdot \cos\alpha/g = \frac{100}{3 \times 10^{-2}} \times 3 \times 10^{-10}$$

$$\times 0.8/10 kg = 8 \times 10^{-8} kg$$

根据动能定理

$$\frac{1}{2}mv^2 - \frac{1}{2}mv_0^2 = Eq\sin\alpha \cdot L/\cos\alpha$$

例　一质量为 m，带电量为 $+q$ 的小球从距地面高 h 处以一定的初速度水平抛出。

在距抛出点水平距离为 L 处，有一根管口比小球直径略大的竖直细管，管的上口距地面 $\frac{h}{2}$。为使小球能无碰撞地通过管子，可在管子上方的整个区域里加一个场强方向水平向左的匀强电场。如图：

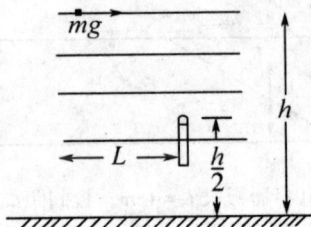

求：（1）小球的初速度 v；
（2）电场强度 E 的大小；
（3）小球落地时的动能。

解　小球在竖直方向做自由落体运动，水平方向在电场力作用下应做减速运动。到达管口上方时，水平速度应为零。

小球运动至管口的时间由竖直方向的运动决定：

由动能定理：$E_{末} - \frac{1}{2}mv_0^2 = mgh + EqL$

$$E_{末} = mgh$$

第十四章　恒定电流

1. 电阻定律电阻率

1. 电流

（1）大量电荷定向移动形成电流。

（2）电流形成的条件：

静电场中导体达到静电平衡之前有电荷定向移动；

电容器充放电，用导体与电源两极相接。

①导体，有自由移动电荷，可以定向移动。同时导体也提供自由电荷定向移动的"路"。导体包括金属、电解液等，自由电荷有电子、离子等。

②导体内有电场强度不为零的电场，或者说导体两端有电势差，从而自由电荷在电场力作用下定向移动。

③持续电流形成条件：要形成持续电流，导体中场强不能为零，要保持下去，导体两端保持电势差（电压）。电源的作用就是保持导体两端电压，使导体中有持续电流。

导体中电流有强有弱，用一个物理量描述电荷定向移动的快慢，从而描述电流的强弱。

（3）电流（I）

①量度：通过导体横截面的电量跟通过这些电量所用时间的比值。这样可以通过电荷定向移动的快慢来描述电流强弱，这个比值称为电流。

②表达式：$I = \dfrac{q}{t}$

③单位：安培（A）

$1A = 1C/s$

④性质：标量。中级学过并联电路干路电流等于各支路电流之和。但电流是有方向的。（有方向的量不一定是矢量，是否矢量关键看满不满足平行四边形法则。）

⑤电流方向的规定：正电荷定向移动的方向为电流方向，负电荷定向移动方向与电流方向相反。

（4）电流分类：

按方向分成两大类$\begin{cases} 直流电：方向不变 \\ 交流电：方向随时间变化 \end{cases}$

结论：给定导体，导体中电流与导体两端电压成正比，$I \propto U$

$I = kU$

对不同导体图象斜率 k 不同。相同电压 U_0 下，两导体电流分别为 I_1、I_2，$I_1 > I_2$，导体 2 对电流阻碍作用比导体 1 大，$I_1 = k_1 U$。$I_2 = k_2 U$。

$I_1 > I_2$ 故 $k_1 > k_2$ $\dfrac{1}{k_2} > \dfrac{1}{k_1}$ k 的倒数反映了导体对电流的阻碍作用。若用一个物理量来描述导体对电流的阻碍作用，$R = \dfrac{1}{k}$ 则有 $I = U / \dfrac{1}{k} = U/R$，称为电阻。

2. 欧姆定律：导体中电流跟它两端电压成正比，跟它的电阻成反比。

3. 电阻

（1）定义：导体两端电压与通过导体电流的比值，叫做这段导体的电阻。

（2）量度式：

$R = U/I$

说明：①对于给定导体，R 一定，不存在 R 与 U 成正比，与 I 成反比的关系。

②这个式子（定义）给出了测量电阻的方法——伏安法。

（3）单位：电压单位用伏特（V），电流单位用安培（A），电阻单位用欧姆，符号 Ω，且 $1\Omega = 1V/A$

常用单位：$1k\Omega = 1000\Omega$

$1M\Omega = 10^6\Omega$

电阻是导体的特性，电阻与导体的哪些因素有关？

（4）影响电阻的因素：

③电阻率 $\rho = \dfrac{RS}{L}$，这提供了一种测量 ρ 的方法。当 $S = 1m^2$，$L = 1m$ 时，ρ 在数值上等于 R。

强调：ρ 的大小由导体材料决定。

ρ 的大小与温度有关，一般 ρ 随温度升高而增大。

总结：电阻定律

导体电阻跟它长度成正比，跟它的横截面积成反比。

$$R = \rho \frac{L}{S}$$

2. 半导体及其应用

1. 半导体的导电性能

（1）半导体材料的电阻随温度升高而减小，称为半导体的热敏特性。

（2）半导体材料的电阻率随光照而减小，称为半导体的光敏特性。

2. 半导体材料中掺入微量杂质会使它的电阻率急剧变化，称为半导体的掺杂特性。

3. 半导体导电特性的应用及发展

1960 年真空三极管的发明，为上世纪上半叶无线电和电话的发展奠定了基础。1947 年，美国贝尔研究所的巴丁、肖克莱、不拉坦研制出第一个晶体三极管。它的出现成为上世纪下半叶世界科技发展的基础。其功耗极低，而且可靠性高，转换速度快，功能多样尺寸又小。因而成为当时出现的数字计算机的理想器件，并很快在无线电技术和军事上或得广泛的应用，由于研制晶体管，他们三人获得 1956 年诺贝尔物理学奖。

半导体材料在目前的电子工业和微电子工业中主要用来制作晶体管、集成电路、固态激光器等器件。我们现在常见的晶体管有两种，即双极型晶体管和场效应晶体管，它们都是电子计算机的关键器件，前者是计算机中央处理装置（即对数据进行操作部分）的基本单元，后者是计算机存储的基本单元。两种晶体管的性能在很大程度上均依赖于原始硅晶体的质量。

砷化镓单晶体材料是继锗、硅之后发展起来的新一代半导体材料。它具有迁移率高、禁带宽度大的优势。它是目前最重要、最成熟的化合物半导体材料，主要用于光电子和微电技术领域。

电子技术最初的应用领域主要是无线电通讯、广播、电视的发射和接收。雷达作为一种探测敌方飞行器的装置在第二次世界大战中大显身手，成为现代电子技术的一个重要领域。电子显微镜、各种波谱和表面能仪以及加速器、遥测、遥控和遥感、医学也是电子技术的一个重要领域。微电子技术和量子电子学是现代电子技术中最活跃的前沿领域之一。

3. 超导极其应用

一、超导现象

超导现象：大多数金属在温度降到某一数值时，都会出现电阻突然降为零的现象

转变温度：导体由常态转变成超导状态的温度，用 TC 表示。

* 两种类型的超导体：a、常规金属超导体；b、合金超导体，有两各转变温度，而且在两个转变温度之间，磁效应和电效应会出现"不一致"的情形。

二、超导的历史

年份	科学家	材料	转变温度 T_C
1911	（荷）昂尼斯	汞	4.2K
至 1986 上半年			23K
1986 年 7 月		镧钡铜氧化物	35K
1987 年 2 月	美、中	钇钡铜氧化物	90K
1992 年初			125K

三、超导的相关研究

1. 迈斯纳效应

把温度 $T < T_c$ 的超导体放入磁感应强度为 $B_0 < B_c$ 的外磁场中，超导体内部的磁应强度等于 0；如果是在 $T < T_c$ 时，加 $B_0 < B_c$ 的外磁场，再降温到 T_c 以下时，超导体内的磁感应强度 B 也变为 0，即磁场被"排挤"出超导体外。这表明超导体是"完全抗磁体"，超导体的完全抗磁效应是迈斯纳和奥森费尔德在 1933 年发现的，现在称为迈斯纳效应。

2. 约瑟夫森效应（超导隧道效应）

1962 年，英国剑桥大学的研究生约瑟夫森从理论上预言：当两块超导体（S）之间用很薄（$10 \sim 30$Å）的氧化物绝缘层（I）隔开，形成 $S - I - S$ 结构，将出现量子隧道效应。这种结构称为隧道结，即使在结的两端电压为 0 时，也可以存在超导电流。这种超导隧道效应现在称为约瑟夫森效应。约瑟夫森从结论上证明超导隧道结的一些奇特性质。例如，当两端电压 V 不等于 0 时，会出现一个高频振荡的超导电流，它的频率 f 满足关系式

$$f = \frac{4ne}{h} V$$

其中 e 为基本电荷，h 为普朗克恒量。这时隧道结好像一根能辐射电磁波的天线；反之，当频为 f_1 的外界电磁波辐射到结上时，它的能量会被结吸收，从而在直流 $I-V$ 曲线上引起一系列电流台阶，如右图所示，其中第 n 个台阶处的电压满足关系式。

$$V_n = \frac{nh}{4\pi e}f_1$$

约瑟夫森的预言不久就被实验证实，这为一门新学科超导电子学奠定了基础，他因此而获得 1973 年诺贝尔物理学奖。

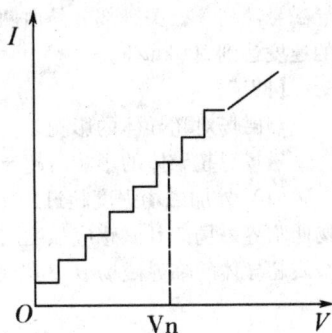

3. 同位素效应

1950 年，麦克斯韦和雷诺等人用实验证明，临界温度 T_c 与样品的同位素质量 M 有关，M 越大，T_c 越低，其关系可以用近似公式 $M^+ TC =$ 常数来表示，这说明超导现象的形成与原子核的质量有关。

4. 超导体比热在临界温度的不连续性

实验表明，超导体在临界温度 T_c 时，比热发生不连续的变化，超导态的比热大于正常态的比热，但从正常相变为超导相时，没有吸收或放出潜热，这称为第二类相变。

四、超导的应用

1. 优越的超导电机

普通发电机组中的材料载流量十分有限，由于电路中有电阻，总要发热，因此既不经济又不安全。用超导体制造电机，完全不发热，可以提高载流量，据专家计算，用超导体制作电机，功率可以提高几十倍。

2. 省电的超导电路

普通的电路由于输电线的耗能严重，必须经过升压、降压的程序，而且也不可能作到完全不损耗。超导体导线则能完全解决这个问题。

3. 精密的超导仪器

一些精密的仪器，如核磁共振仪、电子显微镜等对磁场有非常严格的要求（强度要高、稳定性要高、磁感线分布要理想，有时还要求很大的尺寸），普通的材料很难达到要求，超导则能解决这个问题。

4. 神速的超导计算机

把超导体应用于计算机将会迎来科学史上的一次重大革命。理论研究表明：应用约瑟夫森效应制成超导器件，其开关速度可以比当前使用的半导体集成电路快十几～二十几倍，而且它消耗的电能只有现在普通计算机的 1%。

5. 超导磁悬浮列车

在超导磁悬浮列车的研究中走在最前列十日本。1962 年，日本着手设计磁悬浮列车，但当时是利用正常导体产生的磁场时速达到 307.8km/h，1997 年，日本又试制了超

导磁悬浮列车，关键部分是由两组超导电磁铁构成的，它们能提供极强的磁场，使列车的速度达到 500km/h。

【阅读】

◎磁场对超导体的影响◎

磁场对超导体的影响与超导体的材料有关。

（1）外加磁场强度超过一定值时，可以破坏超导电性。破坏超导体所需的最小磁场叫临界磁场。其磁感应强度用 B_c 表示，用 B_{c0} 表示绝对零度时的临界磁场，则大多数金属超导体的临界磁场 B_c 与温度 T 的近似关系是：

$$B_c = B_{c0} \left(1 - \frac{T^2}{T_c^2} \right)$$

（3）磁致超导性。1962 年，物理理论家 *V·Jacarino* 和 *M·Petar* 预言，可能在某些物质中会发生与外加磁场破坏超导性相反的情形，用磁场可诱发超导状态。二十年后，日内瓦大学的 *Fischer* 和他的同事们用铈化合物制造出一系列磁致超导体，他们所得到的材料的性质，与理论预言精确地符合。

4. 电功和电功率

1. 电功

（1）定义：电路中电场力对定向移动的电荷所做的功，简称电功，通常也说成是电流的功。

（2）实质：能量的转化与守恒定律在电路中的体现。

电能通过电流做功转化为其他形式能。

电场力做功 $W = qU_{AB}$。

对于一段导体而言，两端电势差为 U，把电荷 q 从一端搬至另一端，电场力的功 $W = qU$，在导体中形成电流，且 $q = It$，（在时间间隔 t 内搬运的电量为 q，则通过导体截面电量为 q，$I = q/t$），所以 $W = qU = ItU$。这就是电路中电场力做功即电功的表达式。

（3）表达式：$W = IUt$

说明：①表达式的物理意义：电流在一段电路上的功，跟这段电路两端电压、电路中电流和通电时间成正比。

②适用条件：I、U 不随时间变化——恒定电流。

（4）单位：电流单位用安培（A），电压单位用伏（V），时间单位用秒（s），则电功的单位是焦耳（J）。

（5）电功率

①表达式：$p = \dfrac{W}{t} = IU$

物理意义：一段电路上功率，跟这段电路两端电压和电路中电流成正比。

②单位：功的单位用焦耳（J），时间单位用秒（s），功率单位为瓦特（W）。

$$1W = 1J/s$$

这里应强调说明：推导过程中没用到任何特殊电路或用电器的性质，电功和电功率的表达式对任何电压、电流不随时间变化的电路都适用。再者，这里 $W = IUt$ 是电场力做功，是消耗的总电能，也是电能所转化的其他形式能量的总和。

电流在通过导体时，导体要发热，电能转化为内能。这就是电流的热效应，描述它的定量规律是焦耳定律。

学生一般认为，$W = IUt$，又由欧姆定律，$U = IR$，所以得出 $W = I^2Rt$，电流做这么多功，放出热量 $Q = W = I^2Rt$。这里有一个错误，可让学生思考并找出来。

错在 $Q = W$，何以见得电流做功全部转化为内能增量？有无可能同时转化为其他形式能？

英国物理学家焦耳，经过长期实验研究后提出焦耳定律。

2. 焦耳定律——电流热效应

（1）内容：电流通过导体产生的热量，跟电流的平方、导体电阻和通电时间成正比。

（2）表达式：$Q = I^2Rt$

对于导体而言，根据欧姆定律，$U = IR$，所以 $Q = I^2Rt = I \cdot IRt = IUt = W$，电流做功完全用来生热，电能转化为内能。

（3）说明：焦耳定律表明，纯电阻电路中电流做功完全转化为内能，同时，有电阻的电路中电流做功会引起内能的增加，且电热 $Q = I^2Rt$。

（4）简单介绍产生焦耳热的原因：

金属中自由电子在电场力作用下定向移动，由于电场做功，电子动能增加，但不断地与晶格（原子核点阵）碰撞，不断把能量传给晶格，使晶格中各粒子在平衡位置附近的热运动加剧，从而温度升高。

（5）纯电阻电路中的电功和电功率

①电功 $Q = W = I^2Rt$，对所有电路中电阻的生热都适用。

结合纯电阻电路欧姆定律 $U = IR$，$I = \dfrac{U}{R}$

$$Q = IUt = I^2Rt = \frac{U^2}{R}t$$

②电功率 $p = \dfrac{Q}{t} = I^2R$，对所有电路中电阻的电热功率都适用。

结合纯电阻电路欧姆定律 $U = IR$

$$p = UI = I^2R = \frac{U^2}{R}$$

3. 非纯电阻电路中的电功和电功率（以含电动机电路为例）

非纯电阻电路中，电能与其他形式能转化的关系非常关键。以电动机为例，电动机电路如图所示，电动机两端电压为 U，通过电动机电流为 I，电动机线圈电阻为 R，则电流做功或电动机消耗的总电能为 $W = IUt$，电动机线圈电阻生热 $Q = I^2R_0t$，电动机还对外做功，把电能转化为机械能，$W' = W - Q = IUt - I^2R_0t$，$W'$ 是电动机输出的机械能。

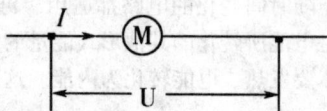

这是一个非纯电阻电路，可满足 $U = IR_0$，且 $W' > 0$，则有 $U > IR_0$。

考虑每秒钟内能量转化关系，即功率，只要令上述各式中 $t = 1s$ 即可，可得总功率 $P_总 = IU$，电热功率 $P_热 = I^2R0$，输出功率 $P_出$，三者关系是 $P_总 = P_热 + P_出$，即 $P_出 = IU = I^2R$。

4. 额定功率和实际功率

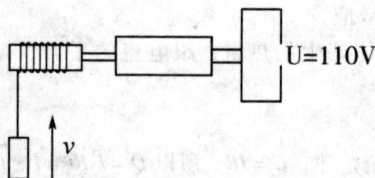

为了使用电器安全、正常地工作，对用电器工作电压和功率都有规定数值。

（1）额定功率：用电器正常工作时所需电压叫额定电压，在这个电压下消耗的功率称额定功率。

一般说来，用电器电压不能超过额定电压，但电压低于额定电压时，用电器功率不是额定功率，而是实际功率。

（2）实际功率 $P = IU$，U、I 分别为用电器两端实际电压和通过用电器的实际电流。

5. 闭合电路欧姆定律

闭合电路的欧姆定律

内外电压之和等于电源的电动势，$E = U_外 + U_内$

设这个电路的电流为 I，根据欧姆定律，$U_外 = IR$，$U_内 = Ir$，那么 $E = IR + Ir$，电流 $I = E/(R+r)$，这就是闭合电路的欧姆定律。

1. 闭合电路的欧姆定律的内容：闭合电路中的电流和电源电动势成正比，和电路的内外电阻之和成反比。表达式为 $I = E/(R+r)$。从这个表达式可以看出，在电源恒定时，电路中的电流随电路的外电阻变化而变化；当外电路中的电阻是定值电阻时，电路中的电流和电源有关。

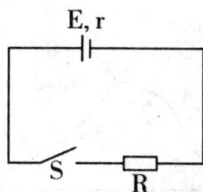

图 2

用闭合电路的欧姆定律来解释第一个实验现象

$9V$ 的电池是从遥控车上拿下来的,是旧电池,它的内电阻很大,由闭合电路的欧姆定律可知,用它做电源,电路中的电流 I_1 可能较小;而两节 5 号干电池虽然电动势是 $3V$,如果是新的,它的内阻就很小,所以电路中的电流 I_2 可能比 I_1 小,用这两个电源分别给相同的小灯泡供电,灯泡的亮度取决于 I_2R 灯,那么就出现了刚才的实验现象了。

一般电源的电动势和内电阻在短时间内可以认为是不变的。那么外电阻 R 的变化,就会引起电路中电流的变化,继而引起路端电压 U、输出功率 P、电源效率 η 等的变化。

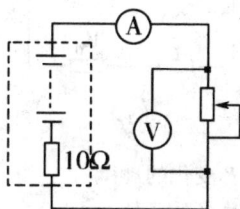

图 3

2. 几个重要推论

(1)路端电压 U 随外电阻 R 变化的规律

路端电压随外电阻增大而增大,随外电阻减小而减小。开路时,$R>>r$,$r/R=0$,$U=E$;短路时,$R=0$,$U=0$。

(2)电源的输出功率 P 随外电阻 R 变化的规律。

在纯电阻电路中,当用一个固定的电源(即 E、r 是定值)向变化的外电阻供电时,输出的功率有最大值。

一、下面我们看一道例题。

例:如图 5 所示电路,电源电动势为 E,内电阻为 r,R_0 是定值电阻。现调节滑动变阻器的滑动片,(1)使定值电阻 R_0 上消耗的功率最大,则滑动变阻器的阻值 R 是多

高级物理知识

167

少？（2）使滑动变阻器上消耗的功率最大，则滑动变阻器的阻值 R 是多少？（投影）

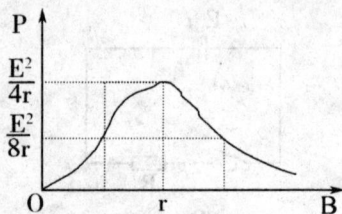

图 4

请两位同学到黑板上来分别做这两问。（约 5 分钟）本题需要注意的是第（1）问中，求定值电阻的输出功率的最大值时，应用公式 $P = I^2 R_0$，当 I 最大时，P 最大，根据闭合电路的欧姆定律，只有滑动变阻器的阻值最小时，I 有最大值。即 $R = 0$ 时，R_0 上消耗的功率最大。第（2）问中，可以把 R_0 等效为电源的内电阻，利用刚才的推论，如果 $R > R_0 + r$，当 $R = R_0 + r$ 时滑动变阻器上消耗的功率最大；如果 $R < R_0 + r$，滑动变阻器的阻值取最大时，滑动变阻器上消耗的功率最大。

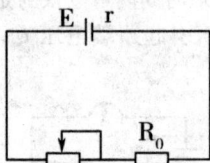

图 5

（3）电源的效率 η 随外电阻 R 变化的规律
电源的效率 η 随外电阻 R 的增大而增大。

第十五章　磁场

1. 磁场磁感线

1. 有关磁的几个问题

（1）物体有吸引铁一类物质的性质叫磁性。

（2）具有磁性的物体叫磁体。

（3）磁体上磁性最强的部分叫磁极。

（4）同名磁极相斥，异名磁极相吸。

（5）变无磁性物体为有磁性物体叫磁化，变有磁性物体为无磁性物体叫退磁。

磁体是通过什么对铁一类物质发生作用的？

2. 磁场

说明：磁体是通过磁场对铁一类物质发生作用的，磁场和电场一样，是物质存在的另一种形式，是客观存在。小磁针的指南指北性表明地球是一个大磁体。

磁场是一种物质存在，存在于何处？

（1）磁体周围空间存在磁场；

（2）电流周围空间存在磁场。

演示实验：磁体对小磁针的作用；电流对小磁针的作用。

磁体周围有磁场　　　　　奥斯特实验

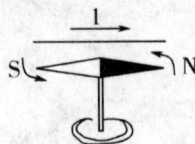

推理分析：电流周围空间存在磁场，电流是大量运动电荷形成的，所以运动电荷周围空间也有磁场。静止电荷周围空间没有磁场。

小结：磁场存在于磁体、电流、运动电荷周围的空间。

（3）磁场是物质存在的一种形式

设问：怎样知道磁场的存在？

方法是检验。如果检验，应知道磁场对什么有作用。

（4）磁场对磁体、电流有磁力作用

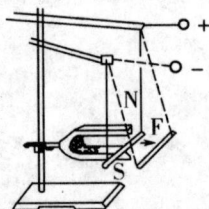

演示：磁场对磁体、电流安全作用。

磁场对磁体作用　　　　磁场对电流发生作用

与用检验电荷检验电场存在一样，可以用小磁针来检验磁场的存在。

演示：检验磁场。

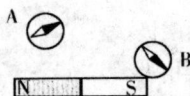

方法：把小磁针放在磁场中被检验点 A 处，如果看到小磁针摆动后静止，磁针不再指向南北方向，而指向一个别的方向，说明 A 点有磁场。检验 B 点磁场会发现同样现象，说明 B 点也有磁场。同时可以发现 A、B 两点小磁针静止时的指向也不相同，这说明小磁针在 A、B 处受磁场力方向不同，显然磁场是有方向的。

3. 磁场的方向

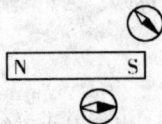

磁体磁场方向判定

（1）规定：在磁场中的任意一点，小磁针北极受力的方向就是那一点的磁场方向。

确定磁场方向的方法是：将一不受外力的小磁针放入磁场中需测定的位置，当小磁针在该位置静止时，小磁针 N 极的指向即为该点的磁场方向。

（2）磁场方向的判定

磁体磁场：可以利用同名磁极相斥，异名磁极相吸的方法来判定磁场方向。

电流磁场：利用安培定则判定磁场方向。

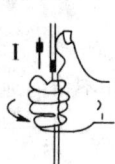

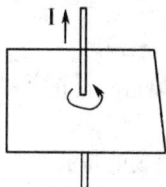

安培测定　　　通电导线磁场　　　通电螺线管磁场　　　环形电流磁场

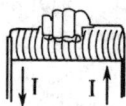

复习：在电场中，用电场线来描述电场，帮助我们形象理解各点的电场方向。同理，在磁场中我们用磁感线来帮助我们形象描述理解各点磁场的方向。

4. 磁感线

对比理解：在电场中画出一系列从正电荷出发至负电荷终止的曲线，使曲线上每一点的切线方向跟该点的场强方向一致，这些曲线叫电场线。

在磁场中画出一些有方向的曲线，在这些曲线上，每一点的切线方向都跟该点的磁场方向相同。

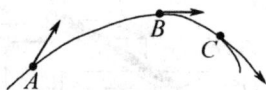

明确：

（1）磁感线上每一点切线方向跟该点磁场方向相同。

投影典型磁场的分布情况图示：

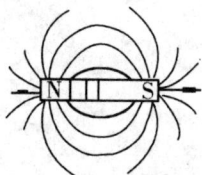

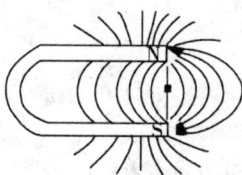

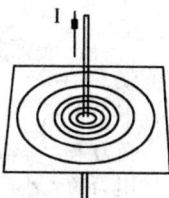

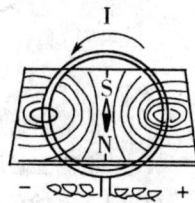

（2）磁感线特点

磁感线从 N 极指向 S 极。（内部从 S 指向 N）；

磁感线是闭合曲线，且任意两条磁感线不相交；

磁感线的密疏表示磁场强弱。

小结

1. 磁场是物质存在的一种形式，磁场的性质是对放入其中的磁体、电流、运动电荷有力的作用。

2. 磁感线是形象描述磁场的几何方法。

3. 会用磁感线画出各种磁场的分布情况。

说明

1. 通电直导线周围有磁场，但并不吸引铁一类物质。

2. 地理的南北极是地磁的北南极。由于磁偏角的存在，指南针并不指向地球的正南正北。

3. 螺线管内部磁场方向的判定不能用外部磁场的判定方法来判定。

2. 安培力磁感应强度

第一节 磁场对电流的作用力

1. 磁场对电流作用力方向：左手定则。

2. 磁场对电流作用力的大小。

$F_{安}$与I、L、场的强弱有关。

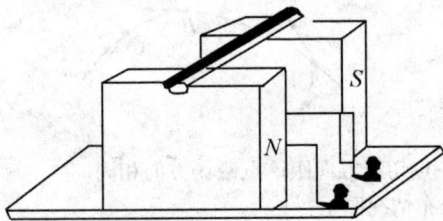

图 2

"$F_{安}$"还与导线放置的方位有关

板书 $\left\{\begin{array}{l}电流 /\!/ 磁场时，不受力\\电流 \perp 磁场时，受力 F_{\perp}\end{array}\right\} \Longmapsto$

结论1：磁场对电流作用力的大小与导线方位有关。

由于磁场对电流作用力的大小和磁场与通电导线的位置有关，所以我们就只研究当磁场和电流垂直情况下，作用力的大小和什么因素有关。

3. 用实验方法研究电流垂直于磁场时，$F_{\perp}$与I、L的关系

【实验五】用电流天平研究$F_{\perp}$。与I、L的关系。

（1）介绍电流天平的构造、原理和有关电路

提出以下问题。

A. 螺线管中磁场的方向如何？大小有什么特点？磁场强弱与什么有关？怎么使螺线管内部磁场保持不变？

B. E 型导线中通入电流后各边是否都受力？受力方向如何？怎么改变受力部分的长度？怎么改变导线中的电流强度？如何测出受力大小？

E 型通电导线中因 AC、BD 两段通电导线和磁感线平行所以不受力；AB 段和磁感线垂直只有它受力，因此这个实验能很好研究 $F_\perp$ 随 I 和 L 的变化情况。

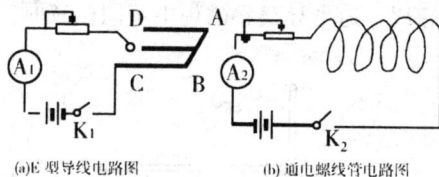

(a)E 型导线电路图　　　　(b) 通电螺线管电路图

(c)

图 3

（2）实验研究 $F_\perp$ 与 I 的关系。实验结果如表一所示。

表一　$L = 4.0 \times 10^{-2}$m　$I = 3.0$A（螺线管电流）

I (A)	$F_\perp$ (N)	$F_\perp/IL$
2.0×10^{-2}	2.0×10^{-4}	
4.0×10^{-2}	4.0×10^{-4}	

板书：结论 2：L 一定时，$F_\perp \propto I$

（3）实验研究 $F_\perp$ 与 L 的关系。

表二　$I = 2.0$A　$I = 3.0$A（螺线管电流）

L (m)	$F_\perp$ (N)	$F_\perp/IL$
2.0×10^{-2}	2.0×10^{-4}	
4.0×10^{-2}	4.0×10^{-4}	

板书：结论 3：I 一定时，$F_\perp \propto L$

总结两次结论

板书：$F_\perp = kIL$

3. 磁感应强度 B

【实验】 如图所示，同一通电导线在磁场中不同位置时，因受力而摆起的角度不同。

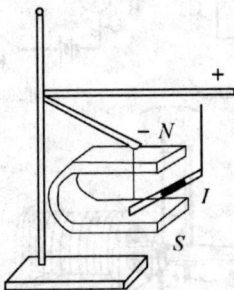

图 4

摆角越大，受力越大，说明相同的 IL 在磁场中不同位置受力不同，且受力大的比值 k 就大，所以 k 反映的是磁场对电流作用力的特性。

磁感应强度 B

物理意义：B 是描述磁场对通电导线作用力特性的物理量

板书：
$\begin{cases} \text{定义：} B = F_\perp /IL \text{（让学生表述）} \\ \text{矢量性：} B \text{的方向即磁场的方向} \\ \text{单位：} SI \text{ 制 1 牛/安米 = 1 特斯拉} \end{cases}$

4. 电流表的工作原理

1. 电流表的组成及磁场分布

电流表的组成：永久磁铁、铁芯、线圈、螺旋弹簧、指针、刻度盘。

所谓均匀辐向分布，就是说所有磁感线的延长线都通过铁芯的中心，不管线圈处于什么位置，线圈平面与磁感线之间的夹角都是零度。该磁场并非匀强磁场，但在以铁芯为中心的圆圈上，各点的磁感应强度 B 的大小是相等的。

假如线圈转动，磁极和铁芯之间的两个边所经过的位置其磁场强弱是相同的。

2. 线框在匀强磁场中的磁力矩。

如图所示，单匝矩形线圈的边长分别为 $ab = cd = L_1$，$bc = ad = L_2$，它可以绕对称轴 OO' 转动，线圈中的电流强度为 I，线圈处于磁感应强度 B 的匀强磁场中，当线圈平面与磁场平行时，求线圈所受的安培力的总力矩。

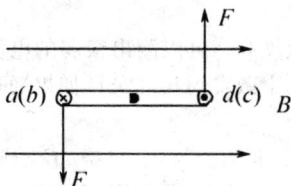

解析：线圈平面与磁场平行时，所受力如图所示，两边安培力的大小为 $F = BIL_1$，这一对力偶的力偶臂为 L_2，所受安培力的总力矩 $M = BIL_1L_2 = BIS$。

说明：①在匀强磁场，②转轴 $OO' \perp B$ 的条件下，M 与转轴的位置及线圈的形状无关。

当线圈平面与磁感线平行时，$\theta = 0°$，磁力矩最大；当线圈平面与磁感线垂直时，$\theta = 90°$，磁力矩为零。

3. 电流表的工作原理

如图，矩形线框两条边所受安培力大小相等，方向相反，大小为 $F = BIL$，但两力不在一条直线上，两个力形成一对力偶，设两力间距为 d，则安培力矩 $M = F \cdot d = BIL \cdot d = BIS$（其中 S 为线圈面积）由于线圈由 n 匝串联而成，所以线框所受力矩应为 $M_1 = NBI \cdot S$，电流表内的弹簧产生一个阻碍线圈偏转的力矩，已知弹簧产生的弹性力矩 M_2 与指针的偏转角度 θ 成正比，即 $M_2 = k\theta$，（其中 k 由弹簧决定）当 $M_1 = M_2$ 时，线圈就停在某一偏角 θ 上，固定在转轴上的指针也转过同样的偏角 θ，并指示刻度盘上的某一刻度，从刻度的指示数就可以测得电流强度。

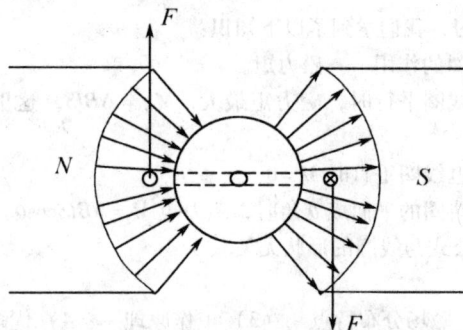

由 $M_1 = M_2$ 可得 $NBIS = k\theta$，$\theta = \dfrac{NBS}{k} \cdot I$

从公式中可以看出：

（1）对于同一电流表 N、B、S 和 k 为不变量，所以 $\theta \propto I$，可见 θ 与 I 一一对应，从而用指针的偏角来测量电流强度 I 的值；

（2）因 $\theta \propto I$，θ 随 I 的变化是线性的，所以表盘的刻度是均匀的。

2. 磁电式仪表的优缺点：

磁电式仪表的优点是灵敏度高，可以测出很弱的电流；缺点是绕制线圈的导线很细，允许通过的电流很弱（几十微安到几毫安）如果通过的电流超过允许值，很容易把它烧坏。

3. U 形金属框的质量为 m，每边长为 a，可绕 AC 轴转动，如果空间有一匀强磁场，磁感应强度为 B，方向竖直向下，当框中通以电流 I 时，求平衡后 U 形框平面与竖直方向的夹角 θ。

分析与解：线框在重力和磁力矩的作用下平衡时，由力矩的平衡条件得：$M_F = M_G$

即：$BIL \cdot L\cos\theta = \dfrac{1}{3}mg \cdot L\sin\theta + \dfrac{2}{3}mg \cdot \dfrac{1}{2}L\sin\theta$

则：$\tan\theta = \dfrac{3BIL}{2mg}$

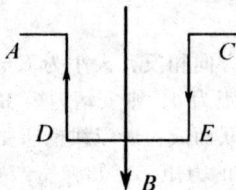

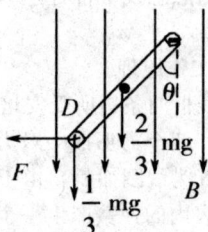

（从左向右看到的侧视图）

小结

通过本节课的学习，我们学到了以下知识：

1. 磁场对通电线圈的作用——磁力矩。

（1）磁场与通电线圈平行时，磁力矩最大，$M_m = NBIS$，这里 N、S 分别为线圈的匝数和面积。

（2）当磁场与通电线圈垂直时 $M = 0$。

（3）磁场与通电线圈的平面成 θ 角时，磁力矩 $M = NBIS\cos\theta$。

注意：磁力矩的公式与线圈的形状无关。

2. 电流表

（1）结构　　（2）磁场分布特点　　（3）工作原理　　（4）优缺点

青少年应该知道的物理知识

五、板书设计

1. 磁场对通电导线的作用——磁力矩。

（1）磁场与通电导线平行时，磁力距最大。

$M_{max} = NBIS$。

（2）磁场与通电线圈平面成 θ 角时 $M = NBIS\cos\theta$。

（3）当磁场与通电线圈平面垂直时 $M = 0$。

注意：磁力矩的公式与线圈的形状无关。

2. 电流表

（1）结构：永久磁铁、铁芯、线圈、螺旋弹簧、指针、刻度盘

（2）磁场分布特点：电流表的磁场分布是均匀地辐向分布的

（3）工作原理：指针转过的角度与所通过的电流强度成正比→电流表的刻度是均匀的

（4）优缺点

5. 磁场对运动电荷的作用

1. 洛仑兹力

定义：磁场对运动电荷存在着力的作用，我们把它称做洛仑兹力。

2. 洛仑兹力产生的条件。

结论：电荷电量 $q \neq 0$，电荷运动速度 $v \neq 0$，磁场相对运动电荷速度的垂直分量 $B\perp \neq 0$，三个条件必须同时具备。当运动电荷垂直进入磁场时受到磁场力的作用最大。

3. 洛仑兹力方向的判断：

进一步观察电子束垂直进入磁场时的偏转，并改变磁场方向。在黑板上作图表示，让同学找出一种判断方法。也可联系安培力方向的判断推理确定洛仑兹力方向的判断方法——左手定则。

结论：洛仑兹力的方向判断也遵循左手定则。

4. 洛仑兹力的大小

$I = \dfrac{Q}{t} = nqSv$　①　　$F = LIB = Nf$　②（N 为导线中电荷总数）

（3）自己根据上面二个式子推出一个运动电荷垂直于磁场方向运动时受到的洛仑兹力的大小。

①代入②式：$L \cdot nvSq \cdot B = Nf$　$N = nLS$　$f = Bqv$

（4）$f = Bqv$ 的适用条件：

当电荷 q 以速度 v 垂直进入磁感应强度为 B 的磁场中，它所受的洛仑兹力 $f = Bqv$。

小结

安培力是洛仑兹力的宏观表现。当运动电荷 q 以速度 v 垂直进入磁感应强度为 B 的磁场中，它受到的洛仑兹力 $f = Bqv$。洛仑兹力的方向由左手定则来判断。

当电荷运动速度平行于磁场方向进入磁场中，电荷不受洛仑兹力作用。

1. 如图所示，运动电荷电量为 $q = 2 \times 10^{-8} C$，电性图中标明，运动速度 $v = 4 \times 10^3 m/s$，匀强磁场磁感应强度为 $B = 0.5T$，求电荷受到的洛仑兹力的大小和方向。

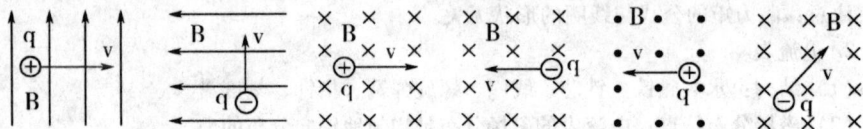

可以让六位同学上黑板上每人演算一小题，写出公式计算洛仑兹力的大小，并标明电荷受力方向。

2. 当一带正电 q 的粒子以速度 v 沿螺线管中轴线进入该通电螺线管，若不计重力，则（　　　）

A. 带电粒子速度大小改变；　　　　　　B. 带电粒子速度方向改变；

C. 带电粒子速度大小不变；　　　　　　D. 带电粒子速度方向不变。

五、说明

1. 本节教材的重点是洛仑兹力产生的条件，洛仑兹力的大小和方向，难点是公式 $f = Bqv$ 的推导，为突出重点和难点，该节内容不涉及带电粒子在磁场中的运动轨迹等问题。

2. 严格说，洛仑兹力的大小等于电荷电量 q、电荷速率 v、磁感应强度 B 以及 v 和 B 间夹角 θ 的正弦 $\sin\theta$ 的乘积。当电荷运动速率方向与磁场方向垂直时，电荷受洛仑兹力最大，$f = Bqv$；当电荷运动方向与磁场方向一致时，电荷受洛仑兹力最小，等于零。因教材只要求学生掌握后两种情况的判断和计算，所以教案中只推导出 $\theta = 90°$ 时的洛仑兹力 $f = Bqv$。

3. 洛仑兹力属于微观力学范畴，充分利用实验让学生从感性知识入手，激发学生的兴趣，在讲解重点知识时，分步运用观察实验、提问、思考、讲解、推导等手段，让同学在积极参与的过程中理解和掌握本节知识内容。

6. 带电粒子在磁场中的运动质谱仪

研究带电粒子在磁场中的运动规律应从哪里着手呢？我们知道，物体的运动规律取决于两个因素：一是物体的受力情况；二是物体具有的速度，因此，力与速度就是我们研究带电粒子在磁场中运动的出发点和基本点。

为了更好地研究问题，我们先来研究一种最基本、最简单的情况，即粒子垂直射入匀强磁场，且只受洛仑兹力作用的运动规律。

板书：条件 $\begin{cases} v \perp B \text{（匀强）} \\ \text{只受洛仑兹力} f \end{cases}$

第一、洛仑兹力和速度都与磁场垂直，洛仑兹力和速度均在垂直于磁场的平面内，没有任何作用使粒子离开这个平面，因此，粒子只能在洛仑兹力与速度组成的平面内运动，即垂直于磁场的平面内运动。

平面 $(f、v) \perp B$

第二、洛仑兹力始终与速度垂直，不可能使粒子做直线运动，那做什么运动：匀速圆周运动，因为洛仑兹力始终与速度方向垂直，对粒子不做功，根据动能定理可知，合外力不做功，动能不变，即粒子的速度大小不变，但速度方向改变；反过来，由于粒子速度大小不变，则洛仑兹力的大小也不变，但洛仑兹力的方向要随速度方向的改变而改变，因此，带电粒子做匀速圆周运动，所需要的向心力由洛仑兹力提供。

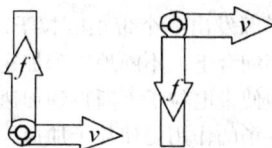

结论：匀速圆周运动

圆心：洛仑兹力作用线的交点。

板书：$qvB = m\dfrac{v^2}{r}$ $\begin{cases} \text{半径 } r = \dfrac{mv}{qB} \\ \text{周期 } T = \dfrac{2\pi r}{v} = \dfrac{2\pi m}{qB} \end{cases}$

7. 回旋加速器

1. 利用电场可使带电粒子加速。

根据图示条件，带电粒子加速后可获得多大能量？

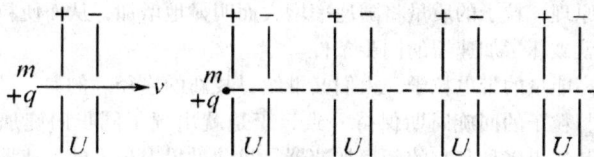

$E_k = mv^2/2 = qU$

①利用电场加速带电粒子；

②通过多级加速获得高能粒子；

③将加速电场以外的区域静电屏蔽；

④采用交变电源提供加速电压；

⑤电场交替变化与带电粒子运动应满足同步条件。

下面就让我们按着这条思路，来具体分析一下工作原理。（板画图5）

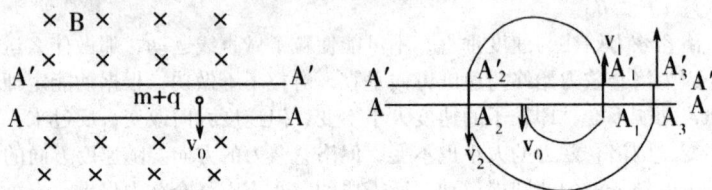

设位于加速电场中心的粒子源发出一个带正电粒子，以速率 v_0 垂直进入匀强磁场中。如果它在电场和磁场的协同配合下，不断地得到加速，半径也相应增大。

师：对再看第二个问题：为使带电粒子不断得到加速，提供加速电压的电源应符合怎样从刚才的分析可以看出，电场的作用是使粒子加速，磁场的作用则使粒子回旋，两者的分工非常明确，同时，它们又配合得十分默契：电源交替变化一周，粒子被加速两次，并恰好回旋一周，这正是确保加速器正常运行的同步条件。

$$\left.\begin{array}{l}\text{电场（加速）}\\\text{磁场（回旋）}\end{array}\right\} \rightarrow \text{同步}\left(f_{\text{电源}} = \frac{1}{T_{\text{粒子}}}\right)$$

回旋加速器的基本结构。

回旋加速器主要由下列几部分组成（板书）：D 形盒、强电磁铁、交变电源、粒子源、引出装置等。其中，两个空心的 D 形金属盒是它的核心部分

电粒子所达到的最大速率为 $v_m = BR_q/m$，则相应的最高能量就是 $E_m = mv_m^2/2 = B^2R^2q^2/2m$。这就告诉我们，对于给定的带电粒子来说，它能获得的最高能量与 D 形电极半径的平方成正比，与磁感应强度的平方成正比，而与加速电压无直接的关系。

我们可能会想，如果尽量增强回旋加速器的磁场或加大 D 形盒半径，我们不就可以使带电粒子获得任意高的能量了吗？但实际并非如此。例如：用这种经典的回旋加速器来加速粒子，最高能量只能达到 20 兆电子伏。这是因为当粒子的速率大到接近光速时，按照相对论原理，粒子的质量将随速率增大而明显地增加，从而使粒子的回旋周期也随之变化，这就破坏了加速器的同步条件。

为了获得更高能量的带电粒子，人们又继续寻找新的途径。例如，设法使交变电源的变化周期始终与粒子的回旋周期保持一致，于是就出现了同步回旋加速器。除此之外，人们还设计制造出多种其它的新型加速器。目前世界上最大的加速器已能使质子达到 10000 亿电子伏以上的能量。

第十六章 电磁感应

1. 电磁感应现象

一、磁通量

当匀强磁场中有一个垂直磁场的平面,磁感应强度为 B,平面面积为 S,则穿过这个平面的磁通量(简称磁通)为

$\Phi = BS$

启发:如果考查的平面和磁场不垂直,磁通量有该怎样求呢?

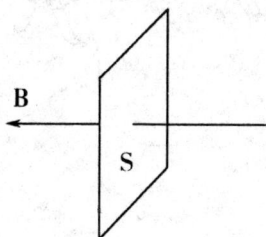 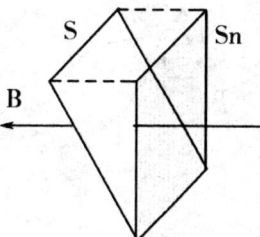 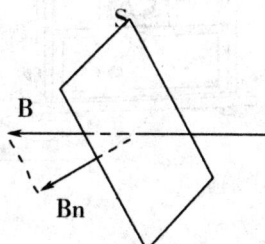

图1   图2   图3

物理意义:磁通量表征磁感线的条数。

单位:韦伯;$1Wb = 1T \cdot m^2 = 1V \cdot s$

磁通量是标量

磁通量是标量，却有正负之分。当我们规定从平面的一面穿进的磁感线条数为正通量，则从另一面穿进的磁感线条数为负通量，磁通量的运算遵从代数法则。

二、电磁感应现象

演示：验证上面的结论

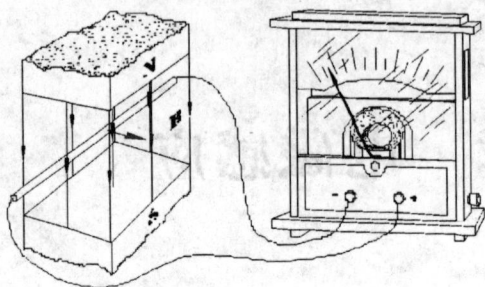
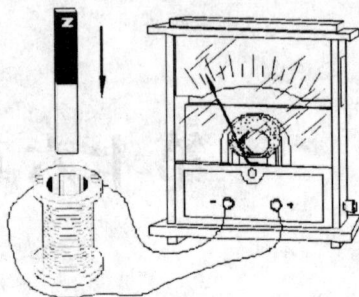

图 4　　　　　　　　图 5

演示：所示的实验

1. 开关合上、断开瞬间，观察电流计的指针情况；
2. 合上开关后，滑动变阻器触头，观察电流计的指针情况。

不论用什么方法，只要穿过闭合电路的磁通量发生变化，闭合电路中就有电流产生。这种利用磁场产生电流的现象叫做电磁感应，产生的电流叫做感应电流。

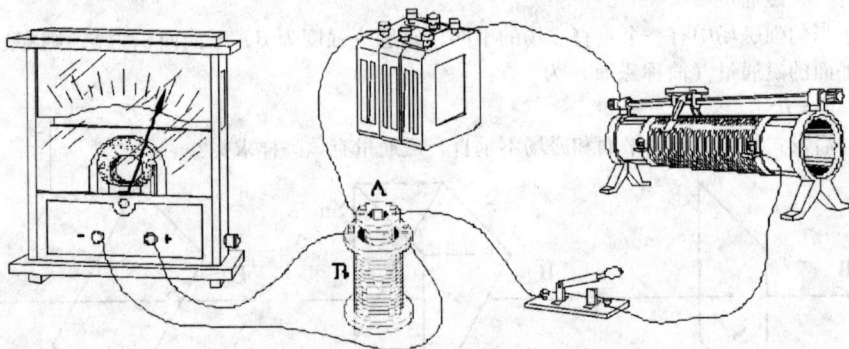

图 6

三、电磁感应现象中的能量转化

发生电磁感应的过程就是一个发电的过程，电池的电能输出需要消耗化学能，那么，电磁感应的电能输出会消耗什么形式的能量呢？

青少年应该知道的物理知识

结论：机械能能转化成电能。

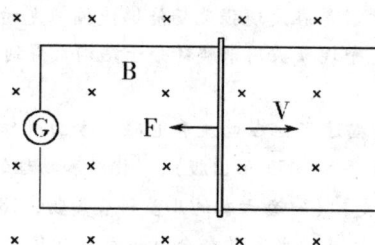

图7

法拉第简介

1. 简历

Michael Faraday，1791～1867，英国物理学家、化学家。

法拉第出生在萨里郡纽因顿的一个铁匠之家，由于家境贫寒，法拉第没有在学校受到完整的初等教育，13 岁起，就在一个图书装订商门下做学徒工。在业余时间，法拉第读了这家店铺里装订的许多书籍，其中对他影响特别深刻的一本书是约翰夫人编的《化学中的守恒》。他从微薄的工资收入中挤出钱来拼凑成了自用的简陋实验室，在业余进行某些简单的实验。

20 岁时，由于有一位顾客送他听英国化学家戴维的几次讲演的入场券，得以听到戴维的讲演，法拉第整理了戴维这些演讲的记录，将其装订了送给戴维，同时请求参加戴维的实验室工作。22 岁时，戴维实验室有了空缺，法拉第就被录用为实验室里的一名助手。

戴维主持的这个实验室主要从事化学及物理学方面的工作。在这种工作中，法拉第刻苦钻研，努力学习，陆续作出一系列有价值的研究成果。1825 年，由戴维推荐，他接替戴维，成为皇家研究院的实验室主任。1833 年，他又升任该院富勒讲座化学教授，此后一直任此职，直到 1867 年逝世。

2. 主要成就

1821 年发现了六氯乙烷；1823 年首次实现氯的液化；1825 年从煤气罐中的残留油状物分离出苯，即发现了苯。

1832－1833 年提出了电解定律即法拉第定律。

1831 年发现电动机原理并制出其模型；1837 年创立电磁场理论，发现磁光效应及抗磁物质；法拉第首次提出电场线的概念并用实验证明了电场线的存在（欧洲大多数数学家当时都不同意法拉第的观点，但

麦克斯韦从这个试验得到启发，并把法拉第关于电力线的想法转变成数学形式，开创了现代的场论）；1854 年，法拉第在发现强磁场能够使偏振光的平面旋转，这个现象后来被称为"法拉第现象"。这个现象被用来解释分子结构，得到了很多磁场的信息。

3. 重要著作和荣誉

《电流的试验研究》（描述了他在电流和电磁学方面所作的无数次试验，全书共三卷，分别在 1839 年、1844 年和 1855 年出版）；《化学和物理的试验研究》（出版于 1858 年）；《一支蜡烛的化学历史》（一套六本的儿童科普读物，1860 年出版）。

法拉第于 1824 年即当选英国皇家学会会员，并被法国科学院吸纳为院士；在物理学领域，法拉第有"电学之父"的美誉。

2. 法拉第电磁感应定律

1. 设问。

既然会判定感应电流的有无，那么，怎样确定感应电流的强弱呢？既然有感应电流，那么就一定存在感应电动势。只要能确定感应电动势的大小，根据欧姆定律就可以确定感应电流了。

2. 导线切割磁感线的情况。

（1）如图所示，矩形闭合金属线框 $abcd$ 置于有界的匀强磁场 B 中，现以速度 v 匀速拉出磁场，我们来看感应电动势的大小。

在水平方向 ab 边受到安培力 $F_m = BIl$ 的作用。因为金属线框是做匀速运动，所以拉线框的外力 F 的大小等于这个安培力，即 $F = BIl$。

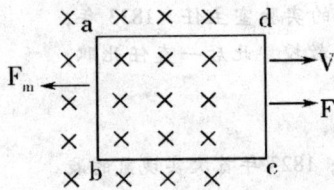

图 1

在匀速向外拉金属线框的过程中，拉力做功的功率 $P = F \cdot v = BIlv$。

拉力的功并没有增加线框的动能，而是使线框中产生了感应电流 I。根据能的转化和守恒定律可知，拉力 F 的功率等于线框中的电功率 P'。

闭合电路中的电功率等于电源电动势 ε（在这里就是感应电动势）与电流 I 的

青少年应该知道的物理知识

乘积。

显然　$F_v = \varepsilon I$，

即　$Bllv = \varepsilon I$。

得出感应电动势　$\varepsilon = Blv$。　　（1）

式中的 l 是垂直切割磁感线的有效长度（ab），v 是垂直切割磁感线的有效速度。

（2）当 ab 边与磁感线成 θ 角（如图2）做切割磁感线运动时，可以把速度 v 分解，其有效切割速度 $v_\perp = v \cdot \sin\theta$，那么，公式（1）可改写为：

$\varepsilon = Blv\sin^\theta$　　（2）

这就是导体切割磁感线时感应电动势的公式。在国际单位制中，它们的单位满足：$V = Tm^2/s$。

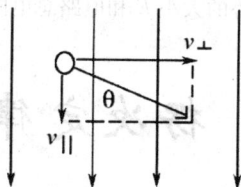

图 2

3. 穿过闭合电路的磁通量变化时。

（1）参看前图，若导体 ab 在 $\triangle t$ 时间内移动的位移是 $\triangle l$，那么它的速度 v 即可表示为，$v = \dfrac{\triangle l}{\triangle t}$，（2）式 $\varepsilon = Blv\sin\theta$ 可以改写为

$$\varepsilon = \frac{Bl\triangle l\sin\theta}{\triangle t} \qquad (3)$$

式中 $l\triangle l$ 是 ab 边在 $\triangle t$ 时间内扫过的面积，$l\triangle l\sin\theta$ 是 ab 边在 $\triangle t$ 时间内垂直于磁场方向扫过的有效面积。$Bl\triangle l\sin\theta$ 是 ab 边在 $\triangle t$ 时间内扫过的磁通量（磁感线的条数），对于金属线框 $abcd$ 来说这个值也就是穿过线框磁通量在 $\triangle t$ 时间内的变化量 $\triangle\varphi$。这样（3）式可简化为

$$\varepsilon = \frac{\triangle\varPhi}{\triangle t} \qquad (4)$$

（2）在一般情况下，线圈多是由很多匝（n 匝）线框构成，每匝产生的感应电动势均为（4）式的值，串联起来 n 匝，则线圈产生的感应电动势可用

$$\varepsilon = n\frac{\triangle\varPhi}{\triangle t} \qquad (5)$$

表示。这个公式可以用精密的实验验证。这就是法拉第电磁感应定律的表达式。

（3）电路中感应电动势的大小，跟穿过这一电路的磁通量的变化率成正比。这就是法拉第电磁感应定律。

4. 几个应该说明的问题。

（1）在法拉第电磁感应定律中感应电动势 E 的大小不是跟磁通量 φ 成正比，也不是跟磁通量的变化量 $\triangle\varphi$ 成正比，而是跟磁通量的变化率成正比。

（2）法拉第电磁感应定律反映的是 $\triangle t$ 一段时间内平均感应电动势，只有当 $\triangle t$ 趋近于零时，才是即时值。

（3）公式 $\varepsilon = Blv\sin\theta$ 中，当 v 取即时速度则 E 是即时值，当 v 取平均速度时，E 是平均感应电动势。

（4）当磁通量变化时，对于闭合电路一定有感应电流，若电路不闭合，则无感应电流，但仍然有感应电动势。

（5）感应电动势就是电源电动势，是非静电力使电荷移动增加电势能的结果，电路中感应电流的强弱由感应电动势的大小 E 和电路总电阻决定，符合欧姆定律。

3. 楞次定律

1. 实验。

（1）选旧干电池用试触的方法确定电流方向与电流表指针偏转方向的关系。

明确：对电流表而言，电流从哪个接线柱流入，指针向哪边偏转。

（2）闭合电路的一部分导体做切割磁感线的情况。

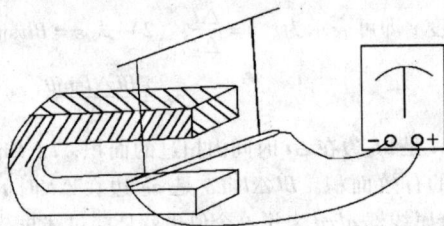

图1   图2

a. 磁场方向不变，两次改变导体运动方向，如导体向右和向左运动。

b. 导体切割磁感线的运动方向不变，改变磁场方向。

根据电流表指针偏转情况，分别确定出闭合电路的一部分导体在磁场中做切割磁感线运动时，产生的感应电流方向。

感应电流的方向跟导体运动方向和磁场方向都有关系，感应电流的方向可以用右手定则加以判定。

右手定则：伸开右手，让拇指跟其余四指垂直，并且都跟手掌在一个平面内，让磁感线垂直从手心进入，拇指指向导体运动方向，其余四指指的就是感应电流的方向。

青少年应该知道的物理知识

（3）闭合电路的磁通量发生变化的情况：

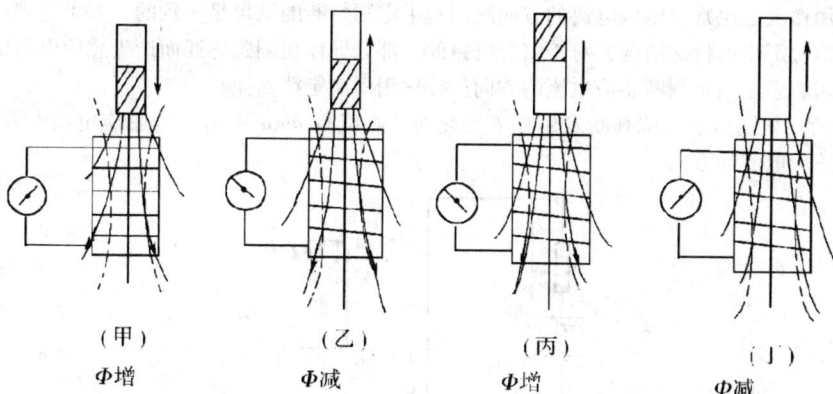

（甲）　　　　　（乙）　　　　　（丙）　　　　　（丁）
Φ增　　　　　Φ减　　　　　Φ增　　　　　Φ减

认识到：凡是由磁通量的增加引起的感应电流，它所激发的磁场一定阻碍原来磁通量的增加；凡是由磁通量的减少引起的感应电流，它所激发的磁场一定阻碍原来磁通量的减少，在两种情况中，感应电流的磁场都阻碍了原磁通量的变化。

楞次定律：感应电流具有这样的方向，就是感应电流的磁场总要阻碍引起感应电流的磁通量的变化。

说明：对"阻碍"二字应正确理解，"阻碍"不是"阻止"，而只是延缓了原磁通的变化，电路中的磁通量还是在变化的，例如：当原磁通量增加时，虽有感应电流的磁场的阻碍，磁通量还是在增加，只是增加的慢一点而已，实质上，楞次定律中的"阻碍"二字，指的是"反抗着产生感应电流的那个原因。"

2. 判定步骤（四步走）。

（1）明确原磁场的方向；

（2）明确穿过闭合回路的磁通量是增加还是减少；

（3）根据楞次定律，判定感应电流的磁场方向；

（4）利用安培定则判定感应电流的方向。

3. 练习：

（1）如图所示，导体杆 *ab* 向右运动对，电路中产生的感应电流方向。

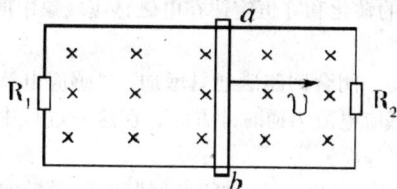

图 4

用两种方法判断。

用楞次定律判定感应电流的方向跟用右手定则判断的结果是一致的，右手定则可看作是楞次定律的特殊情况，对于闭合电路的一部分导体切割磁感线而产生感应电流的情况，用右手定则来判断感应电流的方向往往比楞次定律简便。

（2）如图所示，试判断发生如下变化时，在线框 abcd 中是否有感应电流？若有，指出感应电流的方向？

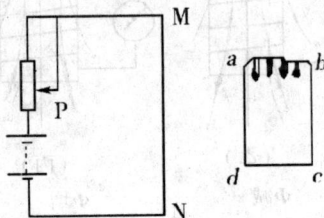

①b 向外拉；

②b 向里压；

③线框 abcd 向上运动；

④线框 abcd 向下运动；

⑤线框 abcd 向左运动；

⑥P 向上滑动；

⑦P 向下滑动；

⑧以 MN 为轴，线框向里转；

⑨以 ab 为轴，cd 向外转；

⑩以 ad 为轴，bc 向里转。

小结

1. 右手定则是楞次定律的特例。

楞次定律和右手定则都是用来判定感应电流方向的，但右手定则只局限于判定导体切割磁感线的情况；而楞次定律则适用于一切电磁感应过程，因此，可以把右手定则看作是楞次定律的特殊情况。

2. 楞次定律符合能的转化和守恒定律。

楞次定律实质上是能的转化和守恒定律在电磁感应现象中的体现。

举例：

（1）导体 ab 向右运动，闭合回路磁通量增加，"感应电流的磁通量阻碍原磁通量的增加"，因此，回路中感应电流为逆时针方向，在这一过程中完成了机械能→电能→内能的转化。

（2）条形磁铁自上向下运动时，通过闭合回路的磁通量增加，感应电流"阻碍原磁通增加"，尽管不知条形磁铁下端是什么极，但可以肯定，导体 ab、cd 互相靠拢以阻碍内部磁通量增加。在这一过程中，完成了机械能→电能→机械能＋内能的转化。上述的"阻碍"过程，事实上就是一个其它形式能向电能转化的过程。

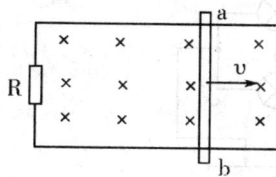

图6   图7

4. 自感现象

（一）自感现象

1. 断电自感现象。实验电路如图所示。

接通电路，灯泡正常发光后，迅速断开开关，可以看到灯泡闪亮一下再逐渐熄灭。

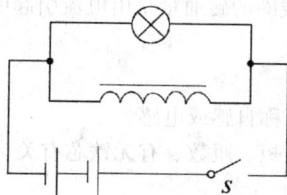

图1

2. 分析现象，建立概念

小结：开关接通后，线圈中存在稳定的电流，线圈内部铁芯存在很强的磁场，穿过线圈的磁通量很大；在开关断开瞬间，线圈中的电流迅速减小到0，穿过线圈的磁通量也迅速减小到0，使线圈产生感应电动势，这时线圈就相当于一个电源。由于开关断开很快，故穿过线圈的磁通量变化很快，就产生了较大的感应电动势，使灯泡两端的电压增大了。

（3）自感：上述现象属于一种特殊的电磁感应现象，发生电磁感应的原因是由于通过导体本身的电流发生变化而引起磁通量变化。这种电磁感应现象称为自感。

自感现象：由于导体本身的电流发生变化而产生的电磁感应现象。

自感电动势：在自感现象中产生的感应电动势。

3. 演示实验，强化概念

【演示实验3】演示通电自感现象。实验电路如图。

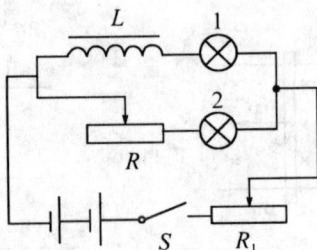

开关接通时，可以看到，灯泡2立即正常发光，而灯泡1是逐渐亮起来的。

特点：自感电动势总是阻碍导体中原来电流的变化的。

具体而言：①如果导体中原来的电流是增大的，自感电动势就要阻碍原来电流的增大。

$I_原\uparrow$，则 $\varepsilon_自$（$I_自$）与 $I_原$ 相反

②如果导体中原来的电流是减小的，自感电动势就要阻碍原来电流的减小。

$I_原\downarrow$，则 $\varepsilon_自$（$I_自$）与 $I_原$ 相同

（二）自感系数

自感电动势的大小跟其它感应电动势的大小一样，跟穿过线圈的磁通量的变化快慢有关。而在自感现象中，穿过线圈的磁通量是由电流引起的，故自感电动势的大小跟导体中电流变化的快慢有关。

$\varepsilon = L\triangle I/\triangle t$。

L 称为线圈的自感系数，简称自感或电感。

L 的大小跟线圈的形状、长短、匝数、有无铁芯有关。

单位：亨利（H）

$1H = 10^3 mH = 10^6 \mu H$

（三）自感现象的应用

5. 日光灯原理

一、日光灯的组成

日光灯主要由灯管、镇流器、启动器组成。

1. 日光灯管

结合碎日光灯向学生介绍灯管的构成及发光原理。

2. 镇流器

镇流器是一个带铁芯的线圈，自感系数很大。（打开镇流器底盖，让学生观察里面构造）

3. 启动器

启动器主要是一个充有氖气的玻璃泡，里面装有两个电极，一个是静触片，一个是由两个膨胀系数不同的金属构成的 U 型动触片。（打开起动器外壳，让学生观察构造）结合实物向学生讲述温度升高，动触片与静触片接通、断开的原理。

根据日光灯管点燃和发光是对电压、电流的不同要求，如何设计电路图？（给出器材，电键两个，带铁芯线圈一个，灯管）引导学生利用线圈是自感作用。展示学生的设计。教师板画电路图。如图：

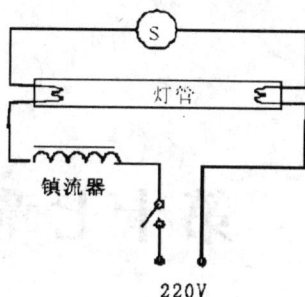

图 16-6-2

二、日光灯电路图

三、日光灯工作原理

1. 日光灯的点燃过程

（1）闭合开关，电压加在启动器两极间，氖气放电发出辉光，产生的热量使 U 型动触片膨胀伸长，跟静触片接触使电路接通。灯丝和镇流器中有电流通过。

（2）电路接通后，启动器中的氖气停止放电，U 型片冷却收缩，两个触片分离，电路自动断开。

（3）在电路突然断开的瞬间，由于镇流器电流急剧减小，会产生很高高的自感电动势，方向与电源电动势方向相同，这个自感电动势与电源电压加在一起，形成一个瞬时高压，加在灯管中的气体开始放电，于是日光灯成为电流的通路开始发光。

2. 日光灯正常发光

日光灯开始发光后，由于交变电流通过镇流器线圈，线圈中会产生自感电动势，它总是障碍电流变化的，这时和镇流器起着降压限流的作用，保证日光灯正常发光。

教师点评学生所画电路图的得与失。

提问：根据日光灯的工作原理说出镇流器和启动器的作用？

●总结镇流器在启动时产生瞬时高压，在正常工作时起降压限流的作用。启动器起自动开关的作用。

第十七章　电磁场和电磁波

1. 电磁振荡

一、电磁振荡。

连接成如图 1 所示电路。

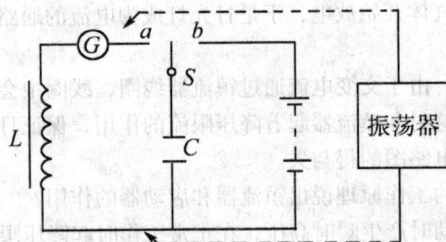

演示操作：先用 40V 电源（用 6V 电源也可）给电容 C 充电，若将开关 S 拨到 a 端。

总结得出几个概念：

像这样产生的大小和方向交替变化的电流叫做振荡电流，能产生振荡电流的电路叫振荡电路，上面的 LC 回路叫 LC 振荡电路。

电磁振荡的产生过程

①给电容 C 充电—如图 2 所示，电容器中储存一定的电场能（$E_电$）。

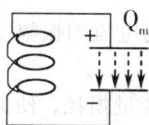
图 2

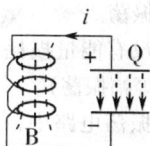
图 3

②电容 C 放电，电场能转化为磁场能：C 上带电量、电场能（电压）逐渐减小（降低），电路中的电流、磁场能则逐渐增大，指出这是由于电容器 C 的放电作用（两极板上正、负电荷的吸引作用）和电感 L 中电流变化时产生的自感电动势的"阻碍"作用所至。当 C 放电完了时，如图 4 所示（电场能为零，$Q_c=0$，$U_c=0$），磁场能达到最大（与之对应的振荡电流也达到最大 I_m）。

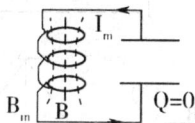
图 4

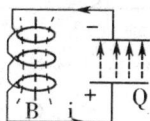
图 5

③反向充电过程，如图 5 所示，是磁场能转化为电场能的过程，C 放电完了时，由于 L 的自感作用，电路中移动的电荷不能立即停止运动，仍保持原方向流动，经 C 反向充电，同理则有 i 减小，$E_磁$ 减小，而 $E_电$ 增大（Q_c，U_c 也随之增大）直到 $E_磁$（i）减为零，$E_电$（Q_c，U_c）增为最大，如图 6 所示。

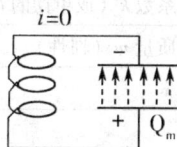
图 6

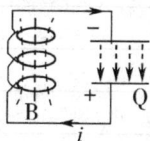
图 7

④电容 C 再次反向放电过程，——如图 7 所示，同理可知 $E_电$（Q_c，U_c）减小，直到为零，$E_磁$（i）增大，直到最大（I_m）如图 8 所示。如此下去，回路中就产生了振荡电流。

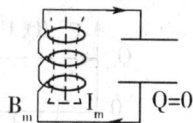
图 8

归纳总结指出：

像上述情况，电路中的电场能和磁场能（与之对应的电荷 Q 和电流 i）做周期性交替变化的现象叫做电磁振荡现象，微观实质是导线中的电子在

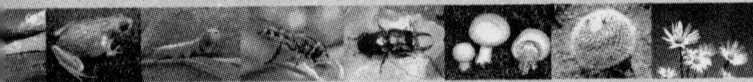

其平衡位置附近做简谐运动。

2. 无阻 x 振荡和阻 x 振荡。

（1）振荡电路中，若没有能量损耗，则振荡电流的振幅（I_m）将不变，如图9所示，叫做无阻 x 振荡（或等幅振荡）。

（2）阻 x 振荡。任何振荡电路中，总存在能量损耗，使振荡电流 i 的振幅逐渐减小，如图10所示，这叫做阻 x 振荡（或叫减幅振荡）请同学们想一下：电路损耗的能量哪里去了？

如果用振荡器周期性地给振荡电路补充能量，就可以保持等幅振荡，这类似于受迫振动。

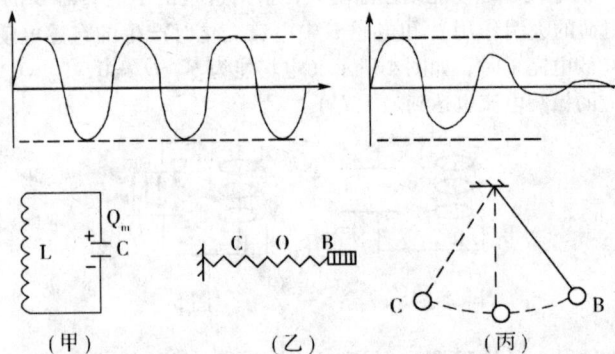

（甲）　　　（乙）　　　（丙）

LC 回路中	简谐运动
①给电容器充电	①外力把 m 拉离平衡位置做功
②电容 C	②劲度系数 k（或单摆的 l）
③电感 L（相当于惯性）	③振动质量 m（惯性）
④电荷 Q	④位移 x
⑤电流 i	⑤速度 v
⑥电场能 $E_{电}$	⑥势能 E_p
⑦磁场能 $E_{磁}$	⑦动能 E_k^*

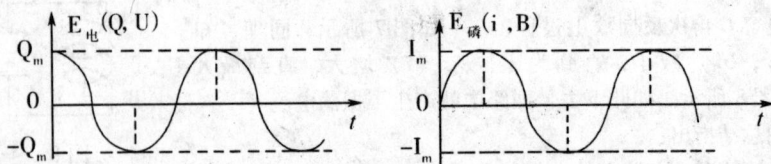

图 12

青少年应该知道的物理知识

当电容 C 中储存电场能最大时（带电量、场强值最大、电压最高），电路中电流为零，磁场能为零；随着电容 C 逐渐放电，电场能 E 电（带电量 Q，电压 U）逐渐减小，而磁场能 E 磁（电流 i）将逐渐增大……

2. 电磁振荡的周期和频率

电磁振荡的周期和频率

电磁振荡完成一次周期性变化需要的时间叫做周期。一秒钟内完成周期性变化的次数叫做频率。振荡电路中发生电磁振荡时，如果没有能量损失也不受其他外界影响，这时电磁振荡的周期和频率叫做振荡电路的固有周期和固有频率，简称振荡电路的周期和频率。

LC 回路的周期和频率跟哪些因素有关呢？

答：LC 回路的周期和频率跟电容器的电容 C 和线圈自感系数 L 的大小有关。电容或电感增加时，周期变长，频率变低；电容或电感减小时，周期变短，频率变高。进一步的研究证明，周期 T 和频率 f 跟自感系数 L 和电容 C 的关系是：

$$T = 2\pi \sqrt{LC}, \quad f = \frac{1}{2\pi \sqrt{LC}}。$$

上面两个式子中的 T、L、C、f 的单位分别是秒、亨、法、赫。振荡电路的周期和频率决定于电路中线圈的自感系数和电容器的电容。因此，适当地选择电容器和线圈就可以使振荡电路的周期和频率符合我们的需要。下面举两个例题。

例1　LC 回路的频率为 $100Hz$，电容为 $0.1\mu F$。求电感是多大？如果 LC 回路的频率为 $1000Hz$，电容不变，电感又应是多大？

解：因为

$$f = \frac{1}{2\pi \sqrt{LC}},$$

所以

$$L = \frac{1}{4\pi^2 Cf^2} = \frac{1}{4\pi^2 \times 0.1 \times 10^{-6} \times 100^2}$$

$$= 25 \ (H)。$$

因为

$$\frac{f}{f'} = \frac{\sqrt{L'}}{\sqrt{L}}$$

所以

$$L' = \frac{f^2}{f'^2}L = \frac{100^2}{1000^2} \times 25 = 0.25 \ (H) = 250 \ (mH)。$$

例2　由自感线圈和可变电容器组成的振荡电路，能够产生 $500KHz$ 到 $1500KHz$ 的电磁振荡，已知线圈的自感系数是 $280mH$，可变电容器的最大电容和最小电容各是多少？

高级物理知识

解：因为

$$f = \frac{1}{2\pi\sqrt{LC}}$$

所以

$$C = \frac{1}{4\pi^2 L f^2} = \frac{1}{4\pi^2 \times 280 \times 10^{-6} \times (500 \times 10^3)^2}$$
$$= 360 \times 10^{-12} \ (F) = 360 \ (pF)。——最大电容。$$

因为

$$\frac{f}{f'} = \frac{\sqrt{C'}}{\sqrt{C}}$$

所以 $C' = (\frac{f}{f'})^2 C = (\frac{500}{1500})^2 \times 360 = 40 \ (PF)$。——最小电容。

3. 电磁波

两个演示实验。

一是"变化的磁场产生电场"，把铁心插入原线圈，原线圈两端接 220 伏交流电，再把拾电圈接上小电珠后，套在铁心上，即可见小电珠发出亮光。

二是"变化的电场产生磁场"，感应圈初级接学生电源，感应圈次级产生的高频电压加在平行板电容器的两块极板上。在电容器的两板间放入小磁针盘，使盘面与板面平行。接通电路，可见盘上许多小磁针发生偏转，显示出同心圆形。

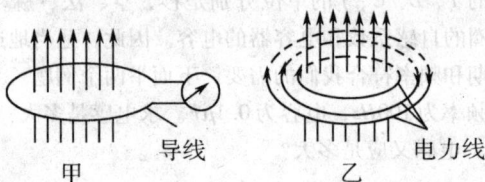

图1

教师先演示第一个实验，让学生观察并解释。在变化的磁场中放一个闭合电路，在这个闭合电路里要产生感应电流，这是我们学过的电磁感应现象（见图1甲）英国科学家麦克斯韦用场的观点来研究电磁感应现象。他认为在变化的磁场周围产生了一个电场，这个电场驱使闭合电路里的自由电子做定向的移动，于是产生了感应电流。刚才做的实验就证实了这个电场的存在。拾电圈导线中的自由电子，在变化磁场产生的电场作用下定向移动，形成电流使电珠发光。麦克斯韦还把这种用场来描述电磁感应现象的观点推广到不存在闭合电路的情形。他认为，在变化的磁场周围产生电场，是一种普遍存在的现象，跟闭合电路是否存在无关（见图1乙）这就是说，即使没有拾电圈，这个电场仍然是客观存在的。只要磁场发生变化，在它的周围就有电场产生，跟是否放有闭

青少年应该知道的物理知识

合电路无关。产生的电场和变化的磁场是同时存在的。

教师再演示第二个实验，让学生观察并解释。从变化的磁场能产生电场，我们很自然会联想到，变化的电场是否能产生磁场呢？第二个实验证实了这个想法。在给电容器充电的时候，不仅导体中的电流要产生磁场，而且在电容器两极板间周期性变化的电场周围也要产生磁场（见图2甲）这个磁场，使放入两极板间圆盘上的小磁针排成同心圆状（见图2乙）。

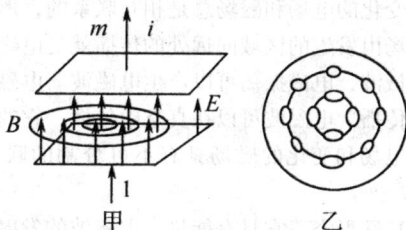

图2

麦克斯韦根据自己的理论进一步指出，如果在空间某区域中有周期性变化的电场，那么，这个变化的电场就在它周围空间产生周期性变化的磁场；这个变化的磁场又在它周围空间产生新的周期性变化的电场……可见，变化的电场和变化的磁场是相互联系着的，形成一个不可分离的统一体，这就是电磁场。

根据麦克斯韦的电磁场理论，变化的电场和变化的磁场总是交替产生，并且不局限于空间某个区域，而是要由发生的区域向周围空间传播开去。电磁场由发生的区域向远处的传播就是电磁波。

在电磁波中，每处的电场强度和磁感应强度的方向总是互相垂直的，并且都跟那里的电磁波的传播方向垂直，因此电磁波是横波。图3是电磁波传播的示意图。

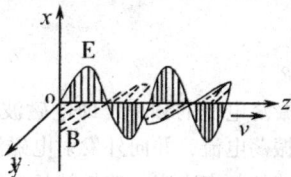

图3

在真空中电磁波的传播速度跟光速相等。任何频率的电磁波在真空中的传播速度都是

$$c = 3.00 \times 10^8 \text{ m/s}。$$

波的传播速度 v 等于波长 λ 和频率 f 的乘积，即 $v = f\lambda$。这个关系式对电磁波也是适用的。由于在真空中各种频率的电磁波的传播速度都是 c，因此频率不同的电磁波的波

长不同。例如某广播电台发射一种频率为 $820KHz$ 的电磁波，它的波长

$$\lambda = \frac{c}{f} = \frac{3.00 \times 10^8}{820 \times 10^3} = 366 \quad (m)$$

无线电技术中使用的电磁波叫做无线电波。无线电波的波长从几毫米到几十千米。通常根据波长或频率把无线电波分成几个波段。书上有一张表，同学们可自学。

小结　变化的磁场产生电场，变化的电场产生磁场，这是麦克斯韦电磁场理论的两个要点。按照这个理论，变化的电场和磁场总是相互联系的，形成一个不可分离的统一体，这就是电磁场。电磁场由发生的区域向远处的传播就是电磁波。

机械振动可以产生机械波，电磁振荡可以产生电磁波。电磁波有一点跟机械波大不相同。机械波要靠媒质来传播。电磁波可以在真空中传播，它的传播并不需要靠别的物质来做媒质。由于变化的电场和变化的磁场具有不可分割的联系，电磁波本身就能够传播。

电磁场是物质的一种特殊形态。它具有能量。电磁波的发射过程，也就是能量的辐射过程。

4. 无线电波的发射和接收

一、无线电波

无线电技术中使用的电磁波叫做无线电波。无线电波的波长从几毫米到几十千米。通常根据波长或频率把无线电波分成长波、中波、中短波、短波和微波等几个波段。教师可以结合教材上的表格，提示学生比较各个波段的波长范围和频率频率范围，简述各波段无线电波的传播方式以及主要用途。可以适当补充一些实例。

二、无线电波的发射

（1）为什么要用开放电路？

振荡电路的 L、C 决定了振荡电流的频率，即电磁波的频率通过 L 和 L_1 的电磁感应，开放电路中有同样频率的振荡电流，并向外发射电磁波。

天线的形状、大小由电磁波的频率决定，波长越长，所需天线也越长无线电广播选用波长较长的电磁波，需架设很大很大的天线电视所用的电磁波波长较短，天线则做成不大的蝴蝶状，架设在楼顶上或发射塔尖上天线的形状还由它所发送的电磁波担负的任务决定。例如，雷达天线为了具有很强的方向性而做成抛物面状。

（2）为什么要用高频振荡？

有了开放电路是否就可以将声音讯号变成音频电流直接发送出去呢？列举下列几个事实供学生思考。

输电线路中通有电流很大的频率为 50 赫兹的交流电，它也能引起周围空间有变化的磁场和电场，如果把电话线架在它的附近，就会使电话线中产生同频率的感应电流，耳机里听到嗡嗡的干扰声．如果把电话线移到马路的另一侧架设，这种干扰就基本消除。

无线电广播采用频率为几百千赫的电磁波，可以传到几百千米远的地方，电视采用频率为几百、几千兆赫的电磁波，就可以传到三万六千千米远的同步通讯卫星上。

以上事实说明，振荡电流的频率越高，向外辐射电磁波能量的本领也越强单位时间内辐射出去的能量，与电磁波频率的四次方成正比。

（3）为什么要调制？

要想电磁波传得远，就必须使用高频率的电磁波。但我们要传递的讯号却又不是这些等幅高频振荡电流，而是一些低频讯号，如：声音讯号频率只有几百至几千赫兹，图象讯号频率也不过上万赫兹，不可能把它们直接发送出去。这就好象把沉重的货物运到远方去，把货物放在地上向前拖，极为困难，无法达到遥远的目的地；开着汽车虽然很容易到达目的地，但我们需要的并不是汽车而是货物，那么我们总是先把货物装上汽车，汽车驶向目的地，到了目的地再把货物从汽车上卸下来。

在电磁波发射技术中，高频等幅振荡电流就好比是运货的汽车，"汽车"出发之前，需要给它装上"货物"——要传送的声音、图象等讯号。这个"装上货物"的过程就是调制。

向学生指出调制、调制器的定义。

无线电报的调制是通过一个电键来实现的。把电键串联在振荡电路中，电键的通与断决定了电流的有与无。电键接通时间的短与长就形成了讯号的"点"与"划"之分。

如果将电键换成话筒，如课本图 6－10 所示，话筒就是个调制器。

向学生叙述声音使话筒电阻改变，引起振荡电流振幅改变的过程。画出课本图6－11。

使高频振荡电流的振幅随讯号改变叫调幅。无线电广播、无线电话，电视广播的图象讯号都是利用调幅的办法进行调制。当然，要使调幅的效果更好，还要有更复杂的电子线路，课本图 6－10 只是简单的示意图。

广播电台还有调频广播节目，它的调制过程是使高频振荡电流的频率随讯号改变，这叫调频。电视广播的声音讯号也是利用调频的方法进行调制的。调频比调幅的原理、方法都更复杂，但在讯号被放大的过程中不易失真，在接收机中被复原为声音讯号时有更好的音响效果。

（4）小结

无线电发射，除了产生讯号的工作部分（如广播电台的播音、电视台的录音、录像等等）之外还必须有三个基本组成部分。即：产生高频振荡电流的振荡器，对讯号进行调制的调制器，以及发射电磁波的由天线、地线组成的开放电路。

三、无线电波的接收

（1）电磁波的接受和天线

将某个导体放在这个传播着电磁波的空间中，导体处于变化的磁场中就会产生感应电流，感应电流的能量来自电磁波，感应电流的频率及变化规律都与电磁波的频率及变化规律相同。也就是说，有一根处于空间的导线——天线，就可以接收电磁波。在黑板上画出天线电路。

但是，空间并不是只存在一种电磁波，各种电台、电视台都在发射电磁波，还有电报、无线电话、步话机等等也都在发射电磁波，我们周围的空间充满形形色色的电磁波，如果不加选择地一股脑儿都接收下来，转变成声音，就会是一片嘈杂声，什么都听不清或者是只听到一个离我们最近、发射功率最大的电台的声音，别的什么也别想听就好象一个教室里几十个同学一起来按自己的意愿各自说起话来，除了一片嘈杂声，什么也听不清。

(2) 电谐振和调谐电路

怎样解决这个矛盾呢？一方面，各个无线电台都必须采用各不相同的频率来发射自己电台的电磁波，就象各个厂家生产的各种商品都要有自己特有的商标、铭牌一样，使人们有可能将它们区别开来。另一方面，接收机必须有"选台"的功能，有鉴别各种"商标"的能力。

所谓选台，就是要使其它各种频率的电磁波在自己的接收机里激起的感应电流都极小，小到不起作用的程度，只有所需要的电磁波激起的感应电流很强，这样就可以只听见一个电台的声音了。

重现机械共振的实验。一根绳上拴了几个不同摆长的单摆，当某个作为策动力的单摆摆动起来之后，其它各摆做受迫振动，振幅都很小，只有与策动力的摆长相同的单摆振幅最大，这是已经学过的共振。

振荡电路也有固有频率，电现象中有没有共振？如果有，应当是：当电磁波的频率与接收机的固有频率相同时在接收机里引起的振荡电流就最强；否则，振荡电流就极弱。要做这个实验需要两个振荡电路：一个振荡电路发射一定频率的电磁波，另一个振荡电路接收电磁波，改变接收电路的固有频率，观察接收到的感应电流的强弱是否与接收电路的固有频率有关。

观察莱顿瓶的实验。实验前，首先应向学生说清莱顿瓶的结构，指出瓶内外两层金属箔片组成一个电容器，它与相当于线圈的矩形金属框正好组成一个振荡电路。其次说明改变固有频率的方法是调节矩形金属框的面积。最后指出哪个是发射，哪个是接收。

莱顿瓶带电可采取感应圈供电的办法。观察谐振，可以按书上的观察氖管是否发光的方法；也可以用另一种方法：用一条锡箔把接收振荡的莱顿瓶的里层金属通过金属圆头沿瓶外表面向下连到接近外层金属箔片边缘的地方，让里外两层极板之间只有一个小缝隙，从而观察谐振时在缝隙处的放电现象。通过实验，总结出电谐振的定义。

收音机为了与某一电台的电磁波发生谐振，就必须加上LC振荡电路。在黑板上的天线电路上加上LC电路。一个收音机需要收听若干个不同的电台，要求它的固有频率能改变，把黑板上面的LC回路的电容改成可变电容，这就组成了调谐电路。

实验：收音机示教板，闭合电键，听到清晰的声音，改变可变电容的大小，收到了不同电台的声音。我们的收音机调台旋钮就是连接着调谐电路的电容的。

问：如果现在听到的是中央台 640 千周的节目，要改听北京台 820 千周的节目，应当怎样调节？电容器的动片往里转还是往外转？

答：（略）。

电容的调节总有个范围，要使收音机接收更大频率范围的节目，不仅能收近处电台发射的中波，还能接收远处电台发射的短波。可以把 LC 回路中的 L 也变成可调的，做成有几个抽头的线圈，用波段开关控制，这就使收音机有几个波段。

（3）解调和检波电路

我们注意到收音机示教板上有 LC 回路，有耳机 L。要向学生说明，为了使大家都听到声音，我们用放大器加扬声器来替代耳机，此外，还有另外一部分（指检波二极管和旁路电容）。

实验：上述收音机示教板上去掉检波二极管及旁路电容，用一根导线代替，就听不到声音了。这两个元件起什么作用呢？

结合黑板上的高频调幅波的图来讲述。经过调谐电路得到了某一电台的电磁波引起的感应电流，变化如黑板图所示，这样的电流通过耳机或喇叭时，不能引起振动。由于振动片的惯性，不可能让振动片按调幅波的高频发生机械振动，何况，我们要听的是音频讯号的声音，不需要这个高频振动，关键是振动片也不能按照调幅波的振幅变化情况即声音讯号变化规律来振动。因为调幅波的正、负最大值相同。就好比将两个大小相等、方向相反的力几乎同时地加在振动片上，振动片就无法振动了。所以，我们还需要从高频调幅波中"检"出声音讯号电流来。就象汽车把货物运到目的地后，要使用货物，就要从载货的汽车上先把货物卸下来一样。

指出检波、解调的定义。

收音机中对调幅波的检波主要是依靠晶体二极管来完成。实验：上述收音机示教板上，先不加旁路电容，只放上二极管，就可以听到声音。二极管能检波是因为它具有单向导电性。

对于使用乙种本的学生，这里应先做一下单向导电性的实验，使学生对此有感性认识。把晶体二极管串联在收音机电路中，正半周，二极管电阻很小，有电流；负半周，二极管电阻无穷大，整个电路没有电流，形成单向脉动电流。画出课本图 6－15。

实验：将收音机示教板上 LC 回路两端接于示波器的输入端，显示高频调幅波的波形，再将示波器的输入端改接于检波输出端，显示出单向脉动电流的波形，验证了黑板上的图。

单向脉动电流通过耳机，振动片上受单方向的力，就可以振动起来了。

单向脉动电流可以看成是音频电流和高频电流的叠加（用两种颜色粉笔在上述黑板图上描出两种电流），后者对耳机也是多余的，最好给它另开一条路，使它不通过耳机。那么用一个电容器与耳机并联，由于电容器对高频电流阻抗小，对音频电流阻抗大，就

可以达到目的，耳机里基本上通过的是音频电流，完成了检波任务。

实验：将示教板上加上检波旁路电容，示波器显示音频电流波形。

（4）小结

通过这一节的学习，我们知道了一个最简单的收音机。收音机应当有四个组成部分：接收电磁波的天线，选择电台的调谐电路，把音频电流从高频调幅波中分离出来的检波电路以及把电流讯号变成声音的耳机。这种简单的收音机，唯一的能源就是空间传来的电磁波，所以只能使耳机发出很小的声音，要得到更大能量的声音，还必须使用电源及适当的电子线路，进行能量转换，做成我们一般使用的收音机。

5. 雷达

雷达是一种无线电探测装置，雷达的发明汇集了许多科学工作者的贡献。

1922 年 9 月，美国海军实验员泰勒和扬格，在华盛顿附件的波特麦克河畔两岸无线电通信试验。在试验中他们发现，每当有船只从此地通过，耳机中就会出现异常的怪声，有时甚至导致通信中断。经分析，他们认为是行船障碍了电磁波的传播。这就是有名的"波特麦克试验"。试验结果表明，无线电波遇到金属物体时，能够像光一样进行反射。泰勒和扬格因此受到启发，产生了用无线波寻找障碍物，寻找敌机的念头。这就是有关雷达的初步设想。

1924 年，英国剑桥的物理学家爱德华·阿普尔顿在进行无线电实验时发现了电离层。当时，他使用接收机从一个已知距离的地点发来是无线电波。然而从接收到的电波分析，其中一部分是直接到达接收机的；还有一些似乎经历更长的路程。爱德华·阿普尔顿反复做了试验，从大量数据资料中，他整理归纳出一条方程式。可以通过计算电波直线传播和绕道走的路程差值，很容易地求出反射点，即大气层中电离层的高度。爱德华·阿普尔顿后来又采用美国人发明的脉冲发射系统，对地球上空电离层进行了验证。它的这些工作为雷达的出现奠定了基础。

真正的雷达诞生于世纪 30 年代，它首先应用于军事目的。1934 年，英国皇家物理研究所的沃森·瓦特博士，带领一批科学家对地球大气层进行无线电科学考察。一天，沃森·瓦特在观察荧光屏上的图像时，被一串亮点吸引住了。从其亮度分析，它不可能来自大气层，而像是被某个物体反射回来的无线电波信号。沃森·瓦特博士由此想到"我们已经了解的电磁波来探测在空中发行的飞机，这将是可能的。"沃森·瓦特博士及时开展了应用电磁波探测发行物的研究。1935 年夏，沃森·瓦特博士研制成功第一套实用雷达装置。

1938 年，英国在东海岸建起对空警戒雷达网。100 米高的天线，能探测到 160 公里以外的敌机。敌机距离可根据无线脉冲的反射波传回雷达站所用时间来计算。雷达天线摆动扫描，一收到反射波立即停下，据此可判断敌机所在的方向。显示方位的反射波在阴极射线屏上是以一道光波振荡的形式出现的。第二次世界大战爆发以后，德国飞机经常飞越大西洋对英国狂轰滥炸。但是，英国凭借雷达网，及时地把敌机的架数、航向、速度和抵达英国领空的时间十分准确地测出，牢牢把握着主动权，有效地防止了德国的空袭。

第二次世界大战期间，雷达已作用得十分普遍，英、美、德、日本德国陆续拥有了军用雷达设备。由于各国都投入了相当的力量从事雷达研究，使雷达技术有了长足的进步。

雷达发展至今，种类越来越多，技术性能越来越完善，应用领域大大扩展。除了军用方面外，还有其它用途。人们使用雷达测定人造卫星、宇宙飞船等发行物的速度和轨道，测定水面舰船、陆上目标以及大气中的云雾团等。此外，雷达技术还应用于精密跟踪、导航、测绘摄影、空中交通管制、巷口监视、气象预报、资源勘探、天文学、宇宙航行等领域。

为什么飞机要用雷达来控制？

雷达在航空事业中的用途是十分广泛的。军用飞机裁和大城市的明航机场是十分繁忙。虽然机场很大，由于飞机速度很快，为了避免飞机碰撞，必须严格地控制飞机在机场上空的发行以及起飞和着陆。雷达是怎样工作的呢？

为了完成这个任务，机场的调度人员就必须及时掌握距离机场几百公里和所有飞机的位置、速度和方向方向，这样机场调度人员就可以向各架飞机起飞着陆的指示。雷达是完成这一任务的最好工具。机场上装有雷达，机场调度人员就可以从雷达显示器上，清楚地看到机场上空几百公里范围之内的全部情况，而且不受天气情况的限制，进行空中交通的指挥工作。这种雷达一般叫做"空中交通管制雷达"和"精密着陆雷达"。

飞机着陆大致可分两个阶段。第一阶段叫做"引近"，这个阶段的任务。就是飞机进入机场临近上空准备着陆，飞机沿着机场跑道的延长线逐渐下降，直到离地面只有30米左右的地面；第二阶段叫做"拉平"，在这阶段，飞机逐渐改变上一阶段的下降角度，而按照一定的曲线飘飞着陆。在飞机着陆的这两个阶段中，机场上安装的精密着陆雷达就要起作用了。在这种雷达的显示器上，预先显示出一条理想的飞机降落轨道，通常叫做"下滑线"。在飞机着陆过程中，雷达连续地测量飞机的位置，观察飞机是否在正确的飞行道上，并通过无线电话指挥驾驶员按正确的下滑线飞下，直至降落在跑道上。

不仅飞机的起飞和着陆要用雷达控制，而且飞机在飞行过程中也要用到雷达。飞机从一地飞往另一地是要预先按预先规定好的航线飞行的。如果是白天和晴天，领航员又熟悉飞行陆线，可以不用雷达来保证飞机按航线飞行；如果是黑夜，或是云雾天气，或是领航员不熟悉航线，那就要雷达了。在飞机上装一部雷达，天线朝向地面，这样在平面位置显示器就显示了一幅"雷达地图"，领航员随时观看这雷达地图，就能随时知道飞机的位置，保证飞机按航线飞行，有时领航员还要使用一种特殊的雷达图，这种特殊

的雷达图，是把显示器显示出来的地形图的图片和实际地形图合并在一起而产生的，有了这个图，领航员就可以根据显示器显示的雷达地图，在陌生的地带飞行，并保证正确的航线。

飞行员在飞行过程中，必须随时掌握飞机距离地面的高度，在飞机上装一部雷达叫做"雷达测高计"的测高雷达。这样，在海洋上空飞行，就随时知道飞机距离海洋平面的高度；在大平原上空飞行，就可以随时知道距离陆地的高度；在崇山峻岭上飞行，可以随时知道距离高峰、山岭的高度。在一些需要低空突防的军用飞机上，还要装上一种"防撞雷达"，以保证飞机在低空高速飞行时，对高山和高大建筑物自动避让。

第十八章 光的传播

1. 光的直线传播

一、光源

宇宙间的物体，有的是发光的，有的是不发光的。我们把能自行发光的物体叫做——光源：能自行发光的物体。

世界上有多种多样的光源，我们有必要对它们进行分类，但正如力的分类有几种不同的体系一样，光源的分类方式也不是唯一的。

如果我们按照光源的形成分类，可以分为自然光源和人造光源。

如果按照光源的形状，可以分为点光源、线光源、面光源等。

如果按照光照的方向特点，可以出现平行光源、发散光源等。

我们能看到光源，是因为它发出的光射入眼睛，产生了视觉反映。我们能看到不发光的物体，是因为光源发出的光能够被它们发射，而反射光进入眼睛产生了视觉。

二、光的直线传播光线

光的直线传播规律是我们比较好接受的。但作为一个严谨的科学结论，人们发现，直线传播的规律也是有条件的。

介质：光能够在其中传播的物质。

我们遇到的一些物质中，有些是透明的，有些则不透明。可以这样看，透明物质就是光介质。

人们研究发现，光只有在同种、均匀的介质中才是直线传播的。

1. 光在同种、均匀介质中是直线转播的。

为了直观地表征光的直线传播规律，人们还引进了光线的概念——

2. 光线：沿光的传播方向作一条线，并标上箭头，表示传播方向，叫～。

a. 眼睛判断发光点的位置，列队时"向前看齐"，枪手瞄准；

b. 小孔成像；

c. 日食和月食的形成。

☆学生：补充一些应用光的直线传播规律的事例…

利用光线的概念，我们还可以准确界定平行光和发散光的概念——

平行光：所有光线都平行的光叫～。请大家注意这个概念…真正的平行光源事实上是很难找到的，我们常常将太阳光近似看成平行光（但在研究小孔成像、月食和日食的形成时，并不能作这种近似处理）；用一些光学仪器可以造就比较理想平行光，譬如激光器、凸透镜等。

与平行光相对应的则有发散光（常见）和会聚光（不常见）。

三、光速

光在真空中的传播速度为 $c = 3.00 \times 10^8 \text{m/s}$，这就是通常意义上的光速。事实上，光传播到其它介质时，传播速度会小于 c（定量规律在下一节介绍）。

光速 c 是一个什么样的概念呢？我们不妨做这样一些估算——

1. 如果飞船绕地球以光速飞行，它 1 秒钟可以绕行 7.5 圈；

2. 如果飞船以光速飞行，它从地球到达月球，只需要 1.3 秒。

2. 光的折射

1. 在两种介质的分界面上入射光线、反射光线、折射光线的能量分配。

结论：随入射角的增大，反射光线的能量比例逐渐增加，而折射光线的能量比例逐渐减小。

2. 折射定律。

A. 折射光线跟入射光线和法线在同一平面内；

B. 折射光线和入射光线分居在法线的两侧；

C. 折射角正比于入射角。

入射角的正弦跟折射角的正弦成正比。如果用 n 来表示这个比例常数，就有

$$\frac{\sin i}{\sin r} = n$$

这就是光的折射定律，也叫斯涅耳定律。

3. 折射率 n。

光从一种介质射入另一种介质时，虽然入射角的正弦跟折射角的正弦之比为一常数 n，但是对不同的介质来说，这个常数 n 是不同的。这个常数 n 跟介质有关系，是一个反映介质的光学性质的物理量，我们把它叫做介质的折射率。

i 是光线在真空中与法线之间的夹角。

r 是光线在介质中与法线之间的夹角。

光从真空射入某种介质时的折射率，叫做该种介质的绝对折射率，也简称为某种介质的折射率。

（2）折射率的定义式为量度式。

4. 介质的折射率与光速的关系。理论和实验的研究都证明：某种介质的折射率，等于光在真空中的速度 c 跟光在这种介质中的速度之比。

$$n = \frac{c}{v}$$

3. 全反射

1. 全反射现象。

光传播到两种介质的界面上时，通常要同时发生反射和折射现象，若满足了某种条件，光线不再发生折射现象，而全部返回到原介质中传播的现象叫全反射现象。

2. 发生全反射现象的条件。

（1）光密介质和光疏介质。

对于两种介质来说，光在其中传播速度较小的介质，即绝对折射率较大的介质，叫光密介质，而光在其中传播速度较大的介质，即绝对折射率较小的介质叫光疏介质，光疏介质和光密介质是相对的。

当入射角增大一些时，此时，会有微弱的反射光线和较强的折射光线，同时可观察出反射角等于入射角，折射角大于入射角，随着入射角的逐渐增大，反射光线就越来越强，而折射光线越来越弱，当入射角增大到某一角度，使折射角达到 90° 时，折射光线完全消失，只剩下反射光线。这种现象叫做全反射。

（2）临界角 C。折射角等于 90° 时的入射角叫做临界角，用符号 C 表示。光从折射率为 n 的某种介质射到空气（或真空）时的临界角 C 就是折射角等于 90° 时的入射角，根据折射定律可得：

$$\frac{\sin 90°}{\sin C} = \frac{1}{\sin C} n$$

因而
$$\sin C = \frac{1}{n}$$

（3）发生全反射的条件。

①光从光密介质进入光疏介质；

②入射角等于或大于临界角。

3. 对全反射现象的解释。

（1）引入新课的演示实验Ⅰ。被蜡烛熏黑的光亮铁球外表面附着一层未燃烧完全的碳蜡混和物，对水来说是不浸润的，当该球从空气进入水中时，在其外表面上会形成一层很薄的空气膜，当有光线透过水照射到水和空气界面上时，会发生全反射现象，而正对小球看过去会出现一些较暗的区域，这是入射角小于临界角的区域，明白了这个道理再来看这个实验，学生会有另一番感受。

（2）让学生观察自行车尾灯。用灯光来照射尾灯时，尾灯很亮，也是利用全反射现象制成的仪器。在讲完全反射棱镜再来体会它的原理就更清楚了。可先让学生观察自行车尾灯内部的结构，回想在夜间看到的现象。引导学生注意生活中的物理现象，用科学知识来解释它，从而更好的利用它们为人类服务。

（3）实际用的光导纤维是非常细的特制玻璃丝，直径只有几 μm 到 $100\mu m$ 左右，而且是由内心和外套两层组成的，光线在内心外套的界面上发生全反射，如果把光导纤维聚集成束，使其两端纤维排列的相对位置相同，这样的纤维就可以传递图像。

（4）大气中的光现象——蒙气差，海市蜃楼，沙漠里的蜃景。

4. 光的色散

一、光的色散

①在同一介质，光的颜色从紫、蓝到橙、红变化时，折射率逐渐减小；②在同一介质中，光的折射率随光色的变化的幅度并不是很大。

色散：复色光在介质中由于折射率不同而分解成单色光的现象。

二、三棱镜

1. 棱镜：截面为三角形或多边形的柱形透明体。

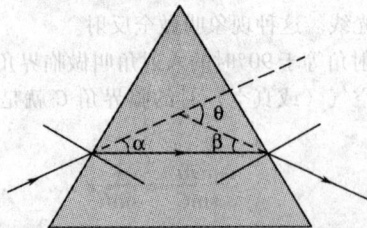

图2

2. 三棱镜的光路

a. 光线向底边偏折

小结：由于 n 的不同导致每折射一次，不同色光散开一次，两次的折射将使不同色光分得更开——所以，用三棱镜，能是光的色散现象更明显。

b. 全反射光路

*补充两个全反射光路，如图 4 和图 5

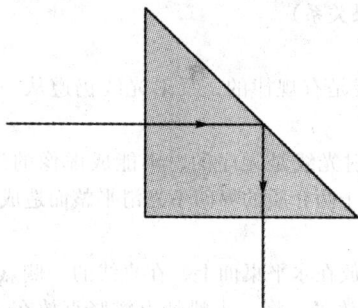 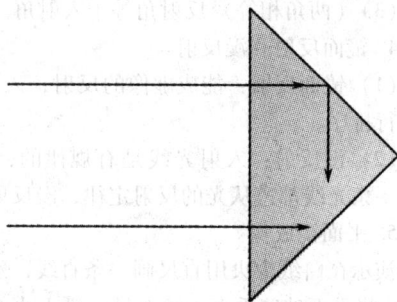

图 4   图 5

光的色散除了解释一些自然现象外，一个最重要的应用就是光谱分析。光谱分析过程中核心工具是分光镜，分光镜的中心部件则是三棱镜——

借助望远镜、凸透镜、标度尺等辅助部件，分光镜能够组成光源的复色光清晰的分解在一个有确定数字的标尺背景上，这叫做光谱。通过光谱，我们可以得出光源的发光性质，这对分析发光物质的化学组成、乃至原子核内部信息都非常有帮助。这方面的知识在后面的章节还会提到。

5. 光的反射定律　平面镜成像

1. 光线和光束。

光线是利用光的直线传播而从光束中抽象出来的概念。物体发出的光束，用一条带箭头的直线来表示光的传播方向——光线。光线是光束的抽象结果，实际是不存在的，而光束是客观存在的。在画光线时注意光的传播方式用直线表示，要用实线，而光的传播方向箭头一般标在直线段的中央部分。光束可分为平行光束、发散光束、会聚光束三种情况。

2. 光线传播到两种介质的分界面所发生的现象：反射和折射现象可能同时发生，也可能只发生反射现象，但有折射现象的同时一定有反射现象，只是反射现象有时极不

明显而不考虑。通过作图介绍入射点、法线、入射光线、反射光线、入射角和反射角的概念。光在介质中传播时会有能量损失（被吸收）光在两种介质界面上发生反射或折射时也要有能量损失。

3. 光的反射定律。

（1）（三线共面）反射光线在入射光线和法线所决定的平面内；（因果关系要注意）

（2）（法线居中）反射光线跟入射光线分别位于法线的两侧；

（3）（两角相等）反射角等于入射角。（因果关系）。

4. 镜面反射和漫反射。

（1）镜面反射：能成虚像的反射，入射光线是有规律的，反射光线仍遵从一定规律进行排序。

（2）漫反射：入射光线是有规律的，而反射光线是无序的，不能成虚像的反射，但每一条光线都遵从光的反射定律，漫反射是由于两介质的界面不光滑平整而造成的。

5. 平面镜成像。

演示在白纸中央用直尺画一条直线，然后平放在水平桌面上，在直线的一侧点一个点 A，将平面玻璃垂直于纸面且与纸上直线重合放置，将一支蜡烛点燃竖直放在 A 处，在 A 点这侧看点燃蜡烛的像。将另一支未点燃的蜡烛放在直线（平面玻璃）的另一侧，缓慢移动直至未点燃的蜡烛与点燃的蜡烛的像重合，好像未点燃蜡烛也燃烧起来一样。在纸上记下未点燃蜡烛的位置。在同学们都看清楚的前提下，将点燃的蜡烛熄灭。让同学讨论看到的现象，总结平面镜成像的特点。

（1）像：由物发出（或反射）的光线经光具作用为会聚的光线（或发散的光线）所形成的跟原物"相似"的图景。这里的"相似"一词与数学的相似含义不完全相同，数学中的相似是指对应处成相同的比例，而这里的"相似"有时不同对应处比例不同。例如哈哈镜中人的像与人相比相差很大，但仍认为是人的像。

（2）实像：是由实际光线会聚而形成。可用眼直接观察，可在光屏上显示，具有能量到达的地方。

（3）虚像：是实际光线的反向延长线会聚而形成，不可在光屏上显示，只能用眼睛直接观察。

关于像的概念让学生一定要很清楚，特别是要区分生活中的"像"的概念。

A. 像片是物而不是"像"，画像和像片具有相同的含义。

B. 照相，实质上是取得一个与人"相似"的一幅画片，只不过不是用笔画，而是通过成像的原理制作就是了。照"相"与长"相"具有相同的含义。

C. "看电影"也有人误认为是"看电像"，在中级就学过像的概念。但人们在电影院看电影是要看银幕上的图景，银幕上的图景对于底片（拷贝）来说是像的位置，像呈现在银幕上，作为物被眼睛看到，若真看"像"应眼睛向着放映机看，那是不可能的。

D. "成像是客观的，观像是有范围的"。若电影院银幕处未放银幕，放影机放影时，拷贝上的像仍呈在放银幕处。戴近视镜的同学看到的并不是真实的物，而是这些物正立缩小的虚像。

（4）平面镜成像。

A. 平面镜对光的作用，只改变光的传播方向，不改变光束的性质。即平行光束经平面镜反射仍为平行光束。发散（会聚）光束经平面镜反射仍为发散（会聚）光束。

B. 平面镜成像为虚像，作图时用虚线表示。

C. （将演示实验中的白纸呈现给学生，通过作图，测量得出）像点和物点关于平面镜呈面对称。

第十九章　光的波动性

1. 光的干涉

一、双缝干涉

1. 相干光源：频率相等、相位差恒定的光源称为相干光源。为了确保这两个条件满足，人们想过很多办法，英国物理学家托马斯·杨是这样做的：将同一光源发出的光用一个只留两个孔（或两个缝）的挡板挡住，那么从这两个空（或两个缝）中射出的光就是相干光源了。

干涉现象形成后，如何方便观察？这个问题复杂一些，让我们将实验完成之后，再做定量分析。

2. 双缝干涉

演示：（杨氏）双缝干涉实验

a. 学生观察双缝；

b. 学生预测实验现象（教师配合草稿板图——机械波干涉分析——类比）；

c. 学生观察干涉条纹…

过渡：为了解决干涉现象形成后是否方便观察的问题，下面进入双缝干涉的定量分析——（为了寻求条纹的宽度，我们引进波程差的分析法。

a. 定性阐述…

b. 定量（板图1）分析

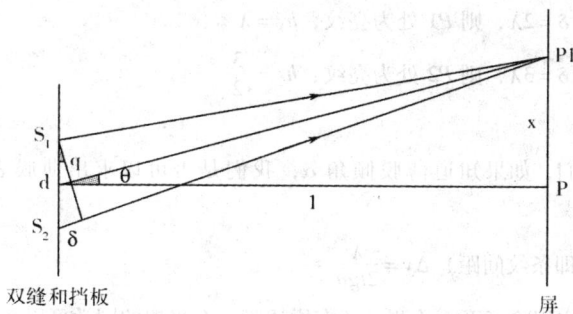

图 1

$$\delta = S_2P_1 - S_1P_1$$

$$\approx d\sin\theta = d \cdot \frac{x}{1}$$

当 $\delta = 0$ 时（位置：P 点），对应第一个最强点（事实上是一条线），此时 $x = 0$

当 $\delta = \lambda$ 时（位置：P_1 点），对应第二个最强"线"，此时 $x' = \frac{1}{d}\lambda$

当 $\delta = 2\lambda$ 时（位置：P_2 点），对应第三个最强"线"，此时 $x'' = \frac{1}{d}2\lambda$

3. 条纹间距 $\Delta x = \frac{1}{d}\lambda$

下面，我们还要解释关于双缝干涉的另外两个事实——

1. 不同色光，条纹间距不同。
2. 复色光会形成彩色条纹

二、薄膜干涉

演示：钠黄光在肥皂薄膜上的干涉。

☆学生：观察实验现象。

在这里，我们也看到了明暗相间的规则条纹，它的形成是不是和杨氏干涉条纹一样呢？首先，光源同不同？

☆学生：不同。

为什么还需要一个肥皂薄膜？这里我们做一个分析——

a. 楔性薄膜介绍；

b. 板图 2 定量分析

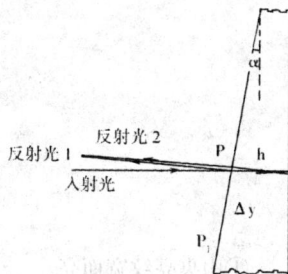

$$\delta = 2h$$

若在 P 处，$\delta = \lambda$，则 P 处为亮纹，$h = \frac{\lambda}{2}$

图 2

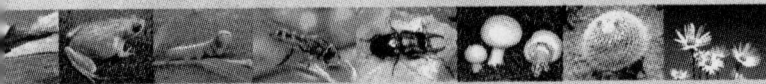

若在 P_1 处，$\delta = 2\lambda$，则 P1 处为亮纹，$h_1 = \lambda$

若在 P_2 处，$\delta = 3\lambda$，则 P2 处为亮纹，$h_2 = \dfrac{3}{2}$

......

启发：同学们，如果知道薄膜倾角 α，我们是否可以求出薄膜表面亮纹之间的宽度？

亮纹间距（即条纹间距）$\Delta y = \dfrac{\lambda}{2 tg a}$

薄膜干涉的应用除了平面检测，还有增透膜，有兴趣的同学可以在课外阅读一些相关的介绍。

2. 光的衍射

（一）光的单缝衍射

（1）单缝衍射实验。

缝较宽时：光沿着直线传播，阴影区和亮区边界清晰；减小缝宽，在缝较狭时：阴影区和亮区的边界变得模糊；继续减小缝宽光明显地偏离直线传播进入几何阴影区，屏幕上出现明暗相间的衍射条纹。

（2）简单分析衍射的形成。

狭缝 S 看成许许多多个点光源，这些点光源发出的光在空间传播相遇叠加决定了屏幕上各点位置的明暗情况。

（3）单缝衍射条纹的特征。（单色光的衍射图样）

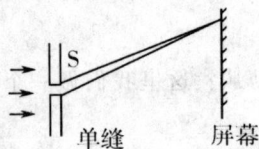

图1

①中央亮纹宽而亮。

②两侧条纹具有对称性，亮纹较窄、较暗。

规律：

①波长一定时，单缝窄的中央条纹宽，各条纹间距大。

②单缝不变时，光波波长的（红光）中央亮纹越宽，条纹间隔越大。

③白炽灯的单缝衍射条纹为中央亮两侧为彩色条纹，且外侧呈红色，靠近光源的内侧为紫色。

（二）光的圆孔衍射

（1）圆孔衍射实验。

用激光干涉衍射仪做圆孔衍射实验，实验过程中展示孔较大时，光沿直线传播，阴影区和亮区边界清晰，逐渐减小圆孔大小，当圆孔减小到一定程度时出现环状明暗相间同心圆的衍射图样。

（三）"泊松亮斑"。

不只是狭缝和圆孔，各种不同形状的物体都能使光发生衍射，以至使影的轮廓模糊不清，其原因是光通过物体的边缘而发生衍射的结果．历史上曾有一个著名的衍射图样——泊松亮斑。

用自制的光波衍射管前端换上小圆屏并对准光源观察，在管内除看到光环外还可看到在不透明小圆屏背后阴影中心有一亮斑——泊松亮斑。

3. 光的电磁说

一、光的电磁说

19 世纪初，光的波动说获得很大成功，逐渐得到人们公认。

但是当时人们把光波看成象机械波，需要有传播的媒介，曾假设在宇宙空间充满一种特殊物质"以太"。而且，"以太"应具有以下性质：一是有很大的弹性（甚至象钢一样），二是有极小的密度（比空气要稀薄得多——以至我们根本不能用实验探测它的存在）。这种神秘的"以太"存在吗？这个问题到目前为止，甚至还在小范围的争执之中。但是，各种证明"以太"存在的实验都被认为是失败的，这就使光的机械波学说陷入了困境。

而且，有一些新的事实促使人们去进一步探索光的本性的神秘面纱：1862 年法拉第做了最后一次实验，试图发现磁场对放在磁场内的光源发出的光线的影响，但结果是否定的，因为他用的仪器还不够灵敏，不能探测到这种微细的效应。三十年后，当时还

是青年的塞曼，从阅读法拉第的实验计划受到启发，他用更精密的仪器重新做实验，发现了塞曼效应。这个实验既对原子物理的研究有着重要的贡献，同时也证明了光具有电磁本性。

19世纪60年代，英国物理学家麦克斯韦提出电磁场的理论，预见了电磁波的存在，并提出电磁波是横波，传播的速度等于光速，根据它跟光波的这些相似性，指出"光波是一种电磁波"——光的电磁说。

1888年赫兹用实验证实了电磁波的存在，测得它传播的速度等于光速，与麦克斯韦的预言符合得相当好，证实了光的电磁说是正确的。

而且，光作为一种电磁波，具有电磁波的共性：

1. 同种均匀介质中匀速传播 $\lambda = v/f$；

2. 从一种介质到另一种介质，波的频率不变、波速 & 波长改变。

二、电磁波谱

光作为一种电磁波，它的频率范围是 $3.9 \times 10^{14} \sim 7.5 \times 10^{14} Hz$，（在真空中的）波长范围是 $7.70 \times 10^{-7} \sim 4.00 \times 10^{-7} m$。

1. 红外线。1800年英国物理学家赫谢耳用灵敏温度计研究光谱各色光的热作用时，把温度计移至红光区域外侧，发现温度更高，说明这里存在一种不可见的射线，后来就叫做红外线。

一切物体（包括大地、人体、农作物和车船）都在发射红外线，物体的温度越高，辐射的红外线越强（波长越短）

（真空中）波长数量级：$10^{-6} \sim 10^{-2}m$。

显著作用：热作用。

重要应用——

（1）红外线加热，这种加热方式优点是能使物体内部发热，加热效率高，效果好；

（2）红外摄影，（远距离摄影、高空摄影、卫星地面摄影）这种摄影不受白天黑夜的限制；

（3）红外线成像（夜视仪）可以在漆黑的夜间能看见目标；

（4）红外遥感，可以在飞机或卫星上戡测地热，寻找水源、监测森林火情，估计家农作物的长势和收成，预报台风、寒潮。

2. 紫外线。1801年德国的物理学家里特，发现在紫外区放置的照相底板感光，荧光物质发光。

（真空中）波长数量级：$10^{-9} \sim 10^{-7}m$。

显著作用：化学作用，荧光效应，杀菌消毒。

重要应用——

（1）紫外照相，可辨别出很细微差别，如可以清晰地分辨出留在纸上的指纹；

（2）照明和诱杀害虫的日光灯，黑光灯；

（3）医院里病房和手术室的消毒；

（4）治疗皮肤病，硬骨病。

过渡：通过红外线和紫外线的波长数量级不难发现，这两种波（或者射线）虽然不被人们的肉眼所感知，但它们的"频道范围"比起可见光居然要宽广得多！人们探索问题的欲望是没有止境的，红光的"外边"找到了红外线……，红外线和紫外线的"外边"又会有些什么射线或者波呢？

3. 伦琴射线。1895 年德国物理学家伦琴在研究阴极射线的性质时，发现阴极射线（高速电子流）射到玻璃壁上，管壁会发出一种看不见的射线，伦琴把它叫做 X 射线。

显著作用：穿透本领强。

重要应用——

（1）工业上金属探伤；

（2）医疗上透视人体。

伦琴因为 X 射线的研究获得 1901 年首届诺贝尔物理学奖。

4. γ 射线、无线电波

X 射线的"外边"——γ 射线

红外线的"外边"——无线电波

5. 电磁波谱

刚才谈到的各种波不仅在波段已经完整实现了接轨，而且，他们还有一个共同的特征：都是电磁波。这就构成了电磁波的一个庞大家族，我们称为电磁波谱。而无线电波、红外线、可见光、紫外线、伦琴射线、r 射线可以视为电磁波谱这个大家族中的各个成员。

4. 光的偏振

一、偏振现象

演示：自然光穿过两块偏振片

a. 自然光穿过一块偏振片，转动透振方向；

b. 自然光穿过两块透振方向相互平行的偏振片；

c. 自然光穿过两块透振方向相互垂直的偏振片。

☆学生：观察⋯

归纳：a 项事实说明——①光波可能是纵波；②光波的 E 矢量可能各个振动方向都是均衡的（和机械横波有差别）；

b、c 项事实说明——①光波必然是横波；②自然光通过一块偏振片后 E 矢量只沿某个振动方向（和机械横波已经非常类似）。

概念和名词得出——光虽然是横波，但由于经过偏振片前后的横波有一定差别，我们把前面的叫自然光，后面的叫偏振光。形成偏振光的过程叫起偏或偏振。

当其中一个方向上的光振动 E 强于另一个方向上的光振动，则称为部分偏振光；如果只存在了一个方向上的振动分量，就称为完全偏振光。

二、自然光和偏振光

偏振片也叫起偏器或检偏器。

偏振光怎样形成呢？

1. 使自然光透过偏振片；

2. 光的反射和折射能够是光形成偏振。

反射光中，垂直（"三线"平面的）振动多于平行振动；折射光中，平行振动多于垂直振动。即：反射光和折射光均为部分偏振光。

当入射角 $i = arctgn_{21}$（n_{21} 表示折射媒质对入射媒质的相对折射率）时，反射光只存在垂直振动，为完全偏振光。而折射光仍存在平行振动（较多）和垂直振动（较少），为部分偏振光。这时的 i 称为起偏振角，或布儒斯特角。

5. 激光

一、激光

1. 概念：激光准确内涵是"来自受激辐射的放大、增强的光"。

2. 产生机理：a、设置工作物质（发光物质——可以是气体、液体或固体）；b、泵浦（补充能量）实现粒子数反转→受激辐射；c、谐振腔（内连续来回反射、振荡）诱发同性质的跃迁→使同频率、同相位的受激辐射得以放大。

3. 激光的特点：a、单色性；b、方向性；c、相干性；d、高亮度（能量）。

4. 发展大事记：

a. 1916 年，爱因斯坦提出"受激辐射"（和"自发辐射"对立）理论；

b. 1928 年，德国的光谱学家拉登堡（R. W. Ladenburg）发现"负色散现象"；

c. 1947 年，兰姆（*W. E. Lamb，jr.*）和雷瑟福（*R. C. Retherford*）指出，通过粒子数反转可以期望实现感应辐射（即受激辐射）；

d. 1953 年，美国的汤斯小组制成"微波激射器"；

e. 1958 年，肖洛和汤斯的论文《红外区和光学激射器》论证了将微波激射技术扩展到红外区和可见光区的可能性；

f. 1960 年，美国的梅曼制成第一台红宝石激光器；

g. 1961 年，我国第一台红宝石激光器在长春光机所诞生。

5. 激光器的分类：a. 气体激光器（氦氖激光器、氩离子激光器、"隐形杀手"二氧化碳激光器）；b. 液体、化学和半导体激光器（"变色龙"染料激光器、"死光"氟化氢激光器、砷化镓激光器）；c. 固体激光器（红宝石激光器、钇铝石榴石激光器）。

二、激光的应用

1. 天文领域：激光望远镜测天体距离。

2. 工业材料的加工：激光雕刻、切割、焊接。

3. 医学领域：激光手术。

4. 信息技术领域：*a*、信息传输（激光光纤）；*b*、信息存储（激光刻录 *CD*、*DVD*、软件）。

5. 军事领域：*a*、激光制导炸弹；*b*、激光热武器。

第二十章 原子核

1. 原子的核式结构原子核

1. 汤姆生的原子模型。

英国科学家汤姆生对阴极射线进行了一系列的实验研究，确定了阴极射线中粒子带负电，并计算出了它的荷质比 e/m。通过进一步的研究发现它的电量跟氢离子的电量基本相同，质量比氢离子小得多．后来人们称之为电子由此得出电子是原子的基本组成成分的结论。

简单介绍汤姆生提出的原子模型。明确：汤姆生认为原子内正电荷均匀分布在其中，电子只是在振动，原子里是"实"的。

2. 思考问题：

为什么 α 粒子大多数不偏转？少数发生较大偏转？极少数发生大角度偏转？

3. 结合挂图归纳小结。

（1）大多数 α 粒子不偏转的原因是它们运动过程中没有受到阻碍，说明原子内几乎是"空"的。

（2）少数 α 粒子发生较大偏转，说明有带正电的物质对它们产生库仑斥力的作用。

（3）极少数 α 粒子发生大角度偏转，说明它们和某种物质发生了撞击，而且这种物质占据了很小的空间。

提出原子的核式结构学说：卢瑟福于 1911 年提出关于原子的核式结构学说，他指出，在原子的中心有一个很小的核，叫做原子核，原子的全部正电荷和几乎全部质量都集中在原子核里，带负电的电子在核外空间绕着核旋转。

引导学生思考：α 粒子散射实验的结果中描述的"绝大多数"、"少数"和"极少数"α 粒子的径迹对于卢瑟福提出原子的核式结构学说有什么意义？

简单介绍英国物理学家卢瑟福。

卢瑟福 1871 年出生于新西兰，小时候上学时学习很优秀，1892 年从新西兰大学毕业后去了英国。后来在汤姆生门下当一名研究生，经汤姆生推荐到加拿大出任一所大学的物理教授。1919 年卢瑟福接替他的老师汤姆生担任了英国剑桥大学卡文迪许实验室主任。由于他对原子物理学的突出贡献被人们尊称为原子核物理之父，并且在 1908 年获得诺贝尔奖。

总结：从汤姆生的原子模型到卢瑟福提出的核式结构学说，人们对于原子结构的研究取得了重大的进展 α 粒子散射实验起了决定性的作用。这一结果又一次说明了物理学是以实验为基础发展起来的一门科学。

2. 天然放射现象衰变

天然放射性。

1. 天然放射现象：某种物质自发地放射出看不见的射线的现象。

2. 原子核的衰变：某种元素原子核自发地放出射线粒子后，转变成新的元素原子核的现象。

3. 天然放射线的性质。（见下页表）

说明电离本领和贯穿本领之间的关系：α 粒子是氦原子核，所以有很强的夺取其它原子的核外电子的能力，但以损失动能为代价换得原子电离，所以电离能力最强的 α 粒子，贯穿本领最弱；而 γ 光子不带电，只有激发核外电子跃迁时才会将原子电离，所以电离能力最弱而贯穿本领最强。

4. 衰变规律。

（1）遵从规律：质量数守恒（说明与"质量守恒定律"之区别）；电荷数守恒。

γ 射线是原子核受激发产生的，一般是伴随 α 衰变或 β 衰变进行的。

（3）半衰期：放射性原子核衰变掉一半所用时间。

说明：某种原子核的半衰期与物理环境和化学环境无关，是核素自身性质的反映。

3. 放射性的应用与防护

一、放射性的应用：

二、放射性污染和防护

1. 放射性同位素：有些元素的同位素具有放射性，叫做放射同位素。

人工放射性的优点：半衰期短；放射性材料的放射强度容易控制等等。

2. γ射线探伤仪可检查金属内部的损伤。其物理依据是有很强的惯穿本领。

3. α射线带电、能量大，可使放射源周围的空气电离，变成导电气体从而消除静电积累。应用时，可将α射线源；安装在机器运转中会产生静电的适当部位。

4. 放射线能引起生物体内 DNA 的突变。这种作用可以应用在放射线育种、放射线灭害虫、放射作用保存食品以及医学上的"放疗"等等。

5. 把放射性同位素通过物理或化学反应的方式掺到其它物质中，然后用探伤测仪器进行追踪，以了解这些物质的运动、迁移情况。这种使物质带有"放射性标记"的放射性同位素就是示踪原子。

4. 核反应核能

（一）核反应，

（1）什么是核反应？在核反应中遵循哪些规律？

（2）试背写出卢瑟福发现质子的核反应方程，查德威克发现中子的核反应方程。

（3）试比较说明核反应与化学反应的本质区别。（强调：核反应是原子核的变化，结果是产生了新的元素,；而化学反应且是原子的重组，原子外层电子的得失，结果是生成了新的分子，并无新元素的产生。）

质量数和电荷数守恒是判断核反应方程正确与否的必要条件。但是，人们是否可以用这两个条件来编写核反应方程呢？如果不可以的话，应该采用什么办法来确定核反应的产物，检验核反应的真伪呢？下面我们一起体验查德威克（英）在 1832 年是如何发现并确定"中子"的。（学生激起悬念，试目以待。）

师：投影幻灯片——中子是怎样发现的？

天然放射性元素 Po 放出 α 粒子，轰击铍（Be）原子核时，发出了一种未知射线，这种未知射线可以从石蜡（含碳）中打出质子（H）。那么我们如何确定这种未知射线的本质特征呢？即确定它是否带电？如果带电的话，带的是正电还是负电？电荷数如何？质量数如何？

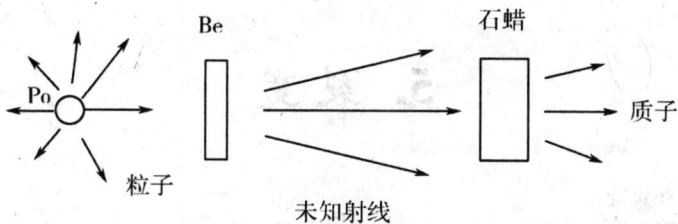

图 22-9

学生分组讨论，提出初步的设想及根据，然后全班同学共同交流和比较，形成一个或几个科学而又可行的方案。最后，教师评价，肯定、鼓励同学们表现出的热情和智慧。对不足之处加以引导、点拨、纠正。

教师归纳同学的设计并板书如下内容：

这种未知射线：

①在空气中的速度小于光速 c 的 1/10 ⇒ 不是光子；

②在电场或磁场中不会偏转 ⇒ 不带电；

③与碳核和氢核（或其它核）发生弹性正碰，一定符合动量守恒定律和能量守恒定律。

最终结论：未知射线是质量近似等于质子质量但不带电的基本粒子——"中子"。

1. 核能——核反应中释放的能量。核能是从哪里来的？

爱因斯坦质能方程：$E = mc^2$

物体具有的能量与它的质量成正比，物体的能量增大了，质量也增大；能量减小了，质量也减小。由于 c^2 非常大（$9 \times 10^{16} m^2/s^2$），所以对质量很小的物体所包含（或具有）的能量是非常巨大的。对此，爱因斯坦说过："把任何惯性质量理解为能量的一种贮藏，看来要自然得多。"

如果物体的质量减小了 $\triangle m$，即向外释放 $\triangle E = \triangle m \cdot c^2$ 的能量。例如，在中子和质子结合成氘核的过程中，由于发生了质量亏损，从而释放出了 2.2MeV 的核能。

2. 核能的计算步骤：

首先，写出正确的核反应方程。

其次，计算核反应前后的质量亏损 $\triangle m$。

然后，根据质能方程 $\triangle E = \triangle m \cdot c^2$，计算核能。

注意的几个问题：

①记住以下单位换算关系

$1 MeV = 10^6 eV$

$1 eV = 1.6022 \times 10^{-19} J$

$1u$（原子质量单位） $= 1.6606 \times 10^{-27} kg$

②1u 相当于 9351.5MeV 的能量（自己证明），这是计算核能经常用到的关系。

5. 裂变

1. 裂变和聚变

裂变是重核分裂为质量较小的核，释放核能的反应；

聚变是轻核结合为质量较大的核释放出核能的反应。

2. 铀核的裂变

铀核的裂变，一般分裂为两个中等质量的核，叫二分裂，产物是多种多样的，一种典型的反应如下述核反应方程所示：

（也有三分裂、四分裂现象，但出现的概率极低，约为二分裂的千分之三和万分之三。）

这个核反应的结果中，又释放出 2－3 个中子，这些中子又会引起其他原子核的裂变，形成链式反应，使裂变继续下去。当然维持链式反应是要有一定条件的，这个条件是，每次裂变产生的中子，至少平均有一个能再度引起裂变反应。这些中子，有的可能被杂质吸收，有可能穿出裂变物质体外，因而不能引起新的裂变发生。为维持链式反应要减少裂变物质中的杂质，增大裂变物质的体积。可以简单介绍临界体积、临界质量的概念，纯 U235 球形的直径约 4.8cm 就达到了临界体积，其临界质量大约 1kg 左右。

根据质能方程可以计算出上述裂变反应释放的能量为 201MeV。铀核的每个核子平均释放约 1MeV。

3. 核电站

利用核能发电的核心设施是核反应堆。核反应堆是用人工控制链式反应的装置，教学中要重点讲述用人工方法控制链式反应速度的原理。其构造可利用挂图，分五部分予以介绍。

（1）铀棒。由浓缩铀制成，作为核燃料

（2）减速剂：常用的减速剂有石墨、重水等，使裂变中产生的快中子（能量在 0.1 －20MeV，平均约为 2MeV）减速为慢中子（能量约为 MeV），因为铀 235 裂变需要的是慢中子，只有通过减速，才能维持链式反应的进行。

（3）控制棒：用镉制成。镉吸收中子的能力很强，调节镉棒插入的深度，改变吸收中子的数量，达到控制链式反应速度的目的。

（4）冷却剂，常用水，液体钠等，在反应堆内外循环流动，把反应堆产生的热能传出去用以发电，同时降温，保证安全。

6. 轻核的聚变

一、轻核的聚变

把轻核结合成质量较大的核，释放出核能的反应叫做轻核的聚变，简称聚变。

常见的聚变反应有

$$^2_1H + ^2_1H \rightarrow ^3_1H + ^1_1H + 4MeV$$

$$^2_1H + ^3_1H \rightarrow ^4_2He + ^1_0n + 17.6MeV$$

2. 发生聚变的条件

要使轻核发生聚变，必须使它们核子间的距离接近到 $10^{-15}m$，由于原子核都是带正电的，要使他们接近到这种程度，必须克服巨大的库仑斥力，这就要求原子核有很大的动能。

怎样才能使轻核获得足够大的动能来产生聚变呢？

方法之一就是将物质加热。温度越高，分子的热运动越剧烈，分子热运动的平均动能越大。当物质达到几百万摄氏度以上的高温时，剧烈的热运动使得一部分原子核具有足够的动能，可以克服原子核间的库仑斥力，在碰撞时发生聚变。因此，聚变反应有叫热核反应。热核反应一旦发生，就不再需要外界给它能量，靠自身产生的热就可以使反应进行下去。

3. 聚变反应的特点

（1）和裂变相比，聚变反应释放的能量更多

例如，一个氘核和一个氚核发生聚变，其核反应方程是

$$^2_1H + ^3_1H \rightarrow ^4_2He + ^1_0n$$

教师给出数据，让学生计算该反应释放的能量。

氘核的质量：$m_D = 2.014102u$

氚核的质量：$m_T = 3.016050u$

氦核的质量：$m_\alpha = 4.002603u$

中子的质量：$m_n = 1.008665u$

$1u = 1.6606 \times 10^{-27}kg$，$e = 1.6022 \times 10^{-19}C$

根据质能方程，释放出的能量

$$\triangle E = \triangle m \cdot c^2$$

$$= (m_D + m_T - m_\alpha - m_n)\, c^2$$

$$= \frac{0.018884 \times 1.6606 \times 10^{-27} \times (3.0 \times 10^8)^2}{1.6022 \times 10^{-19}} eV$$

$$= 17.6MeV$$

平均每个核子放出的能量约为 3.3MeV，而铀核裂变时平均每个核子释放的能量约为 1MeV。

【板书】（2）聚变材料丰富

1L 海水中大约有 0.03g 氘，如果发生聚变，放出的能量相当于燃烧 300L 汽油。

常见的聚变反应

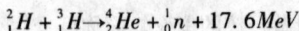

$$_1^2H + _1^2H \rightarrow _1^3H + _1^1H + 4MeV$$

$$_1^2H + _1^3H \rightarrow _2^4He + _0^1n + 17.6MeV$$

在这两个反应中，前一反应的材料是氘，后一反应的材料是氘和氚，而氚又是前一反应的产物。所以氘是实现这两个反应的原始材料，而氘是重水的组成成分，在覆盖地球表面三分之二的海水中是取之不尽的。

【板书】（3）安全、无污染

聚变产物基本上是稳定的氦核，没有放射性，不污染周围环境。而常规裂变反应堆会产生寿命长放射性较强的核废料，容易引起环境污染。

二、可控热核反应

1. 聚变能的应用

（1）太阳能。热核反应在宇宙中是很普通的。太阳和许多恒星内部，温度高达 10^7K 以上，就满足热核反应的条件。太阳内部的氢核在极高温下聚变成氦核，每秒释放的能量达 3.8×10^{26}J。地球只接收了其中的二十亿分之一左右。对太阳能的应用主要是：地球上万物生长离不开太阳的光和热；太阳能热水器、太阳能电池等等。

（2）氢弹。氢弹是利用热核反应制造的一种大规模杀伤武器，在其中进行的是不可控热核反应。

2. 可控热核反应

第二十一章 量子论初步

1. 光电效应光子

1. 光电效应：在光的照射下物体发射电子的现象。发射出的电子叫光电子。

特点：（1）产生条件：必须入射光的频率≥临界频率。

（2）光电效应具有瞬时性。

光电效应的这些特点是传统理论根本无法解释的。由此引出普朗克的量子化观点和爱因斯坦的光子说。

2. 光子：在空间传播的光也不是连续的，而是一份一份的，每一份叫做一个光量子，简称光子。

光子的能量：$E = h\nu$

其中：$h = 6.63 \times 10^{-63} \text{J} \cdot \text{s}$，叫做普朗克常量。

ν 是光的频率。

利用光子说再来对光电效应现象进行解释。

3. 光电效应方程：$E_k = h\nu - W$

其中：E_k 是逸出的光电子的最大动能。

W 是逸出功：使电子脱离金属所需的最小功。

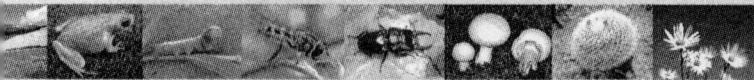

2. 光的波粒二象性

1. 光是一种波，同时也是一种粒子，光具有波粒二象性。

看书上的照片分析。

（1）光子很少时，可以清楚地看出光的粒子性。

（2）光子很多时，可以看出粒子的分布遵从波动规律。

举例说明分立性与连续性是相对的，且这种现象处处可见。

虽然单个光子的落点无法预测，但大量光子在某区域出现的可能性大小却有规律可寻。

2. 光波是一种概率波。光子在空间各点出现的可能性大小（概率），可以用波的运动规律来描述。

3. 光的波动性是光子本身的一种属性。它不是光子之间相互作用的结果。

[引入] 既然光波具有波粒二象性，那么，质子、电子，以至原子、分子等实物粒子是否也会具有波动性呢？

3. 物质波

1. 定义：任何一个运动着的物体，都有一种波和它相对应（即具有波动性），这种波叫做物质波（德布罗意波）。

其德布罗意波长 $\lambda = \dfrac{h}{p}$　p：运动物体的动量，h：普郎克常量。

看课本上的例题，分析为什么我们观察不到宏观物体的波动性？

我们之所以观察不到宏观物体的波动性，是因为宏观物体的德布罗意波长太小。但是，微观粒子则有可能观察到它们的波动性。看课本上的插图：电子束通过铝箔时的衍射图样。

2. 物质波也是概率波。它们在空间各处出现的概率同样是受波动规律支配的。

注：对于微观粒子，牛顿定律已经不再适用了。

若用疏密不同的点代表在原子核周围出现的概率，画出的图象云一样，称为电子云。

青少年应该知道的物理知识

4. 能级

1. 能级：原子的可能状态是不连续的，所对应的能量也是不连续的，这些能量值叫做能级。

基态：能量最低的状态，量子数 $n = 1$。

激发态：其它能量比基态高的状态，量子数依次为 $n = 2, 3, 4\cdots\cdots$。

2. 光子的发射和吸收

（1）原子由高能级→低能级跃迁时，将发射光子。且有

$h\nu = E_m - E_n$。

能级不连续→发光频率不连续

（2）原子在吸收光子后，则从低能级→高能级跃迁。

对照"氢原子的能级图"，举例说明原子在发生能级跃迁时只能吸收特定频率的光子。

注：原子不仅只能发出特定频率的光子，而且也只能吸收特定频率的光子（电离时除外）。

3. 原子光谱